高职高专土建类专业"十三五"规划教材

建筑工程概预算

（第2版）

主　编　熊　燕　吴　琛　吴志斌
副主编　梁文菁　陶　婕
　　　　刘映菲　舒奕荣
主　审　蒋根谋　谢芳蓬

武汉理工大学出版社
·武汉·

内 容 简 介

本书以 2004 年江西省消耗量定额为主线,以紧密贴近建筑工程预算编制的实际工程为背景,突出实用性,既有工程造价管理基本理论的介绍,又有完整工程造价计算的实际工程的应用描述;既有工程量计算规则的详细描述,又有定额使用的详细介绍。

本书有较强的实用性和可操作性,既可作为职业院校教材,也可作为建筑工程造价员的培训教材。

图书在版编目(CIP)数据

建筑工程概预算/熊燕,吴琛,吴志斌主编. —2 版. —武汉:武汉理工大学出版社,2016.8
ISBN 978-7-5629-5278-7

Ⅰ. ①建…　Ⅱ. ①熊…　②吴…　③吴…　Ⅲ. ①建筑概算定额　②建筑预算定额　Ⅳ. ①TU723.3

中国版本图书馆 CIP 数据核字(2016)第 181898 号

项目负责人:戴皓华　　　　　　责 任 编 辑:戴皓华
责 任 校 对:余士龙　　　　　　装 帧 设 计:芳华时代
出 版 发 行:武汉理工大学出版社
地　　　址:武汉市洪山区珞狮路 122 号
邮　　　编:430070
网　　　址:http://www.wutp.com.cn
经　　　销:各地新华书店
印　　　刷:湖北丰盈印务有限公司
开　　　本:787×1092　1/16
印　　　张:12.5
字　　　数:319 千字
版　　　次:2016 年 8 月第 2 版
印　　　次:2016 年 8 月第 1 次印刷
定　　　价:30.00 元

前　言

（第 2 版）

　　本书以 2004 年江西省消耗量定额为主线，以编制实际建筑工程预算为背景，突出实用性，将工程造价管理基本理论的学习与完整工程造价计算的实际工程应用融会贯通；详细描述工程量计算规则与定额的应用。本书有较强的实用性和可操作性，既可作为职业院校教材，也可作为建筑工程造价员的培训教材。

　　本书再版对如何运用 2004 年江西省消耗量定额中的量和价做了详细全面的阐述，书中结合工程建设的程序将工程造价管理、实际运用中定额套价及换算的使用、建筑工程定额中各分部分项工程预算编制的主要内容、工程量的计算规则等融会贯通，最后以某工程项目预算编制案例为例，让读者全面掌握工程概预算编制各个环节的实际操作技能。

　　本书由江西现代职业技术学院熊燕、吴琛，南昌市建工集团董事长、教授级高级工程师吴志斌担任主编；江西现代职业技术学院梁文菁、陶婕，湖南民航管理局刘映菲和南昌市建工集团高级工程师舒奕荣担任副主编。

　　全书由华东交通大学蒋根谋教授和江西现代职业技术学院谢芳蓬教授审稿。

　　本书在编写过程中，得到了江西现代职业技术学院领导、建筑系各位老师的帮助和关心，得到了来自华东交通大学蒋根谋教授和南昌市建工集团董事长吴志斌等企业和工程造价协会的诸位专家提出的许多宝贵修改意见，在此表示深切感谢！

　　由于编者水平有限，书中难免有不妥之处，恳请读者指正。

编者

2016 年 5 月

目　　录

任务一 概 述

1.1 工程建设基本程序与造价管理

1.1.1 建设项目的划分

为了建设工程的管理和工程造价的管理,建设项目按传统的工程造价编制层次可划分为建设项目、单项工程、单位工程、分部工程和分项工程五个基本层次。

1. 建设项目

建设项目是指在一个或几个场地上,按照一个总体设计进行施工的各个工程项目的整体。建设项目可由一个工程项目或几个工程项目所构成。建设项目在经济上实行独立核算,在行政上具有独立的组织形式。如新建一个工厂、矿山、学校、农场,新建一个独立的水利工程或一条铁路等,由项目法人单位实行统一管理。

2. 单项工程

单项工程是建设项目的组成部分。单项工程是指具有独立的设计文件、竣工后可以独立发挥生产能力并能产生经济效益或效能的工程,如工业厂房、办公楼和住宅。能独立发挥生产作用或满足工作和生活需要的每个构筑物、建筑物都是一个单项工程。

3. 单位工程

单位工程是单项工程的组成部分。单位工程是指竣工后不能独立发挥生产能力或使用效益,但具有独立设计的施工图样和组织施工的工程。如土建工程(包括建筑物、构筑物)、电气安装工程(包括动力、照明等)、工业管道工程(包括蒸汽、压缩空气、煤气等)、暖卫工程(包括采暖、上下水等)、通风工程和电梯工程等。

4. 分部工程

分部工程是单位工程的组成部分。它是按照单位工程的各个部位或按工种进行划分的。如土(石)方工程、桩与地基基础工程、砌筑工程、混凝土和钢筋混凝土工程。

5. 分项工程

分项工程是分部工程的组成部分。它是将分部工程更细地划分为若干部分。如土方工程可划分为基槽开挖、混凝土垫层、砌筑基础、回填土等。

1.1.2 工程建设基本程序

工程建设基本程序是指建设项目从设想、选择、评估、决策、设计、施工到竣工验收、投入生产等整个建设过程中,各项工作必须遵循的先后次序的法则。工程建设基本程序如图1-1所示。

1. 项目建议书阶段

项目建议书是要求建设某一项具体项目的建议文件,是建设程序中最初阶段的工作,是投资决策前对拟建项目的轮廓设想。项目建议书主要是为了推荐一个拟进行建设项目而展开的初步说明,论述其建设的必要性、条件的可行性和获利的可能性,供基本建设管理部门选择并确定是否进行下一步工作。

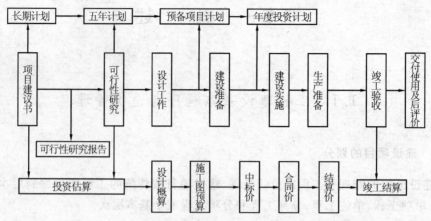

图 1-1   工程建设基本程序和各阶段造价示意图

项目建议书一般应包括以下几个方面:建设项目提出的必要性和依据,产品方案、拟建规模和建设地点的初步选择,资源情况、建设条件、协作关系等的初步分析,投资估算和资金筹措设想,经济效益和社会效益的估计。

2.可行性研究阶段

根据国民经济发展规划及项目建议书,运用多种研究成果在投资决策建设项目前进行技术经济论证即可行性研究,由此观察项目在技术上的先进性和适用性,经济上的盈利性和合理性,建设上的可能性和可行性等。可行性研究是由建设项目主管部门或地区委托勘察设计单位、工程咨询单位按基本建设审批规定的要求进行的。

可行性研究的具体内容随行业的不同而有所差别,但一般应包括下列内容:总论,市场需求情况和拟建规模,资源、原材料及主要协作条件,建厂条件和厂址环境方案,项目设计方案,环境保护,生产组织、劳动定员和人员培训,项目实施计划和进度计划,财务和国民经济评价及评价结论。

3.设计工作阶段

设计文件是安排建设项目和组织施工的主要依据,一般由主管部门或建设单位委托设计单位编制。一般建设项目,按初步设计和施工图设计两个阶段进行;对于技术复杂且缺乏经验的项目,经主管部门指定,按初步设计、技术设计和施工图设计三个阶段进行。当采用两阶段设计的初步设计深度达到技术设计时,此时的初步设计也称为扩大初步设计。

初步设计是根据已批准的设计任务书和初测资料编制的。初步设计由文字说明、图样和总概算组成。其内容包括:建设指导思想,产品方案,总体规划,设备选型,主要建筑物、构筑物和公用辅助设施,"三废"处理,占地面积,主要设备、材料清单和材料用量,劳动定员,主要技术经济指标,建设工期,建设总概算。初步设计和总概算按其规模大小和规定的审批程序,报相关主管部门批准。经批准后,设计部门方可进行施工图阶段设计。经批准的初步设计可作为订购或调拨主要材料、征用土地、控制基本建设投资、编制施工组织设计和施工图设计的依据。

技术设计应根据批准的初步设计及审批意见,对重大、复杂的技术问题通过科学试验、专题研究、加深勘探调查及分析比较,解决初步设计中未能解决的问题。进一步明确所采用的工艺过程、建筑和结构的重大技术问题、设备的选型和数量,并编制修正总概算。技术设计批准后则作为编制施工图和施工图预算的依据。

施工图设计应根据批准的初步设计和技术设计进一步对所审核的修建原则、设计方案等加以具体和深化，最终确定各项工程数量，提出文字说明和适用施工需要的图表资料以及施工组织设计，并且编制相应的施工图预算。编制出的施工图预算要控制在设计概算之内，否则需要分析超概算的原因，并调整预算。施工图设计的主要内容包括：建筑平面图、立面图、剖面图，建筑详图，结构布置图和结构详图等；各种设备的标准型号、规格，各种非标准设备的施工图等。

4. 建设准备阶段

开工前要对建设项目所需要的主要设备和特殊材料申请订货，并组织大型专用设备预安排和施工准备。施工准备的主要内容是：征地拆迁、技术准备、搞好"三通一平"，修建临时生产和生活设施，协调图样和技术资料的供应，落实建筑材料、设备和施工机械，组织施工力量按时进场。

5. 建设实施阶段

按照计划、设计文件的规定确定实施方案，将建设项目的设计变成可供人们进行生产和生活活动的建筑物、构筑物等固定资产。为确保工程质量，施工必须严格按照施工图样、施工验收规范等要求进行，按照合理的施工顺序组织施工。施工阶段的主要工作由施工单位来实施，其主要工作有以下几项：

（1）前期准备工作

前期准备工作主要指为使整个建设项目能顺利进行所必须做好的工作。

（2）施工组织设计

施工单位要遵照施工程序合理组织施工，按照设计要求和施工规范制定各个施工阶段的施工方案和机具、人力配备方案及全过程的施工计划。

（3）施工组织管理

施工组织管理工作在整个施工过程中起着至关重要的作用，组织管理的水平反映了施工单位整体水平的高低。特别是在建设市场竞争激烈的情况下，若组织管理得好，可节约工程投资、降低工程造价、提高企业的经济效益。

6. 生产准备阶段

建设单位要根据建设项目或主要单项工程的生产技术特点及时组成专门班子或机构，有计划地抓好生产准备工作，保证项目或工程建成后能及时投产。

生产准备的主要内容有：

（1）招收和培训人员

大型工程项目往往自动化程度比较高，相互关联性强，操作难度大，工艺条件要求严格，而新招收的职工大多数没有生产的实践经验。解决这一矛盾的主要途径就是人员培训，通过多种方式培训并组织生产人员参加设备的安装调试工作，掌握好生产技术和工艺流程。

（2）生产组织准备

生产组织准备是生产厂家按照生产的客观要求和有关企业法规规定的程序进行的，主要包括生产管理机构设置、管理制度的制定、生产人员配备等内容。

（3）生产技术准备

生产技术准备主要包括国内装置设计资料的汇总，有关国外技术资料的翻译、编辑，各种开工方案、岗位操作法的编制以及新技术的准备。

（4）生产物资的准备

生产物资的准备主要是落实原材料、协作产品、燃料及水、电、气的来源和其他需要协作配合的条件，组织工器具、备品（件）等的制造和订货。

7. 竣工验收阶段

竣工验收是工程建设的最后一个环节，是全面考核基本建设成果、检验设计和工程质量的重要步骤，也是基本建设转入生产或者使用的标志。通过竣工验收，一是检验设计和工程质量，保证项目按设计要求的技术经济指标正常生产；二是有关部门和单位可以总结经验教训；三是建设单位对验收合格的项目可以及时移交固定资产，使其由基建系统转入生产系统或投入使用。

8. 交付使用及后评价阶段

建设项目后评价是工程项目竣工投产、生产运营一段时间后，再对项目的立项决策、设计施工、竣工投产、生产运营等全过程进行系统评价的一种技术经济活动，是固定资产投资管理的最后一个环节。通过建设项目后评价以达到肯定成绩、总结经验、研究问题、吸取教训、提出建议、改进工作、不断提高项目决策水平和投资效果的目的。

1.1.3 工程造价与基本建设的关系

建设工程项目从立项论证到竣工验收、交付使用的整个周期，是建设工程各阶段工程造价由表及里、由粗到细、初步细化、最终形成的过程。它们之间相互联系、相互验证，具有密不可分的关系。建设工程各阶段与造价的关系如图 1-2 所示。

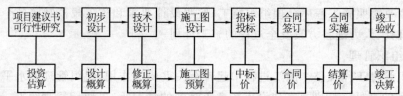

图 1-2　建设工程各阶段与造价的关系

1.1.4 工程造价的合理确定

所谓工程造价的合理确定，就是在建设程序的各个阶段合理确定投资估算、概算造价、预算造价、承包合同价、结算价、竣工决算价。

（1）在项目建议书阶段，按照有关规定应编制初步投资估算，经有关部门批准，作为拟建项目列入国家中长期计划和开展前期工作的控制造价。

（2）在可行性研究阶段，按照有关规定编制投资估算，经有关部门批准，即为该项目控制造价。

（3）在初步设计阶段，按照有关规定编制的初步设计总概算，经有关部门批准，即为拟建项目工程造价的最高限额。对初步设计阶段，实行建设项目招标承包制签订承包合同协议的，其合同价也应在最高限价（总概算）相应的范围内。

（4）在施工图设计阶段，按规定编制施工图预算，用以核实施工图阶段预算造价是否超过批准的初步设计概算。

（5）对以施工图预算为基础招标投标的工程，承包合同价也是以经济合同形式确定的建筑安装工程造价。

（6）在工程实施阶段要按照承包方实际完成的工程量，以合同价为基础，同时考虑因物价上涨所引起的造价提高，考虑到设计中难以预计且在实施阶段实际发生的工程和费用，合理确定结算价。

（7）在竣工验收阶段，全面汇总在工程建设过程中实际花费的全部费用，编制竣工决算，如实体现该建设工程的实际造价。

1.1.5 建设工程造价计价的特征

工程造价的特点决定了工程造价计价的特征。工程造价计价的特征主要有：

（1）单件性

产品的个体差别性决定了每项工程都必须单独计价。

（2）多次性

建设工程周期长、规模大、造价高，因此建设程序要分阶段进行，相应地也要在不同阶段多次性计价，以保证工程造价确定和控制的科学性。多次性计价是一个逐步深化、逐步细化和逐步接近实际造价的过程。

①投资估算

在编制项目建议书和可行性研究阶段，对投资需要量进行估算是一项不可缺少的组成内容。投资估算是指在项目建议书和可行性研究阶段，对拟建项目所需投资通过编制估算文件预先测算和确定的过程。也可表示估算出的建设项目的投资额，或称估算造价。就一个工程项目来说，如果项目建议书和可行性研究分不同阶段，例如分规划阶段、项目建议书阶段、可行性研究阶段、评审阶段，相应的投资估算也可分为四个阶段。投资估算是决策、筹集资金和控制造价的主要依据。

②概算造价

概算造价指在初步设计阶段，根据设计意图，通过编制工程概算文件预先测算和确定的工程造价。概算造价较投资估算造价准确性有所提高，但它受估算造价的控制。概算造价的层次性十分明显，分建设项目概算总造价、各个单项工程概算综合造价、各单位工程概算造价。

③修正概算造价

修正概算造价指在采用三阶段设计的技术设计阶段，根据技术设计的要求，通过编制修正概算文件预先测算和确定的工程造价。它对初步设计概算进行修正调整，比概算造价准确，但受概算造价控制。

④预算造价

预算造价指在施工图设计阶段，根据施工图样，通过编制预算文件预先测算和确定的工程造价。它比概算造价或修正概算造价更为详尽和准确，但同样要受到前一阶段所确定的工程造价的控制。

⑤合同价

合同价指在工程招投标阶段，通过签订总承包合同、建筑安装工程承包合同、设备材料采购合同以及技术和咨询服务合同确定的价格。合同价属于市场价格性质，它是由承发包双方，也即商品和劳务买卖双方根据市场行情共同议定和认可的成交价格，但它并不等同于实际工程造价。建设工程合同按计价方法不同分为许多类型。不同类型合同的合同价内涵也有所不同。现行有关规定的三种合同价形式是:固定合同价、可调合同价和工程成本加酬金确定合同价。

⑥结算价

结算价是指合同实施阶段,在工程结算时按合同调价范围和调价方法,对实际发生的工程量增减、设备和材料价差等进行调整后计算和确定的价格。结算价是该结算工程的实际价格。

⑦实际造价

实际造价是指竣工决算阶段,通过为建设项目编制竣工决算最终确定的实际工程造价。

多次性计价是一个由粗到细、由浅入深、由概略到精确的计价过程,也是一个复杂而重要的管理系统。

(3)组合性

工程造价的计算是分部组合而成的。这一特征和建设项目的组合性有关。一个建设项目是一个工程综合体。这个综合体可以分解为许多有内在联系的独立和不能独立的工程,如图1-3所示。

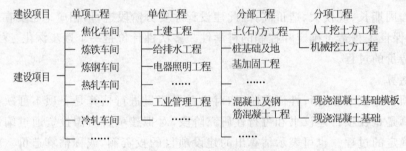

图1-3 建设项目分解示意图

从计价和工程管理的角度,分部分项工程还可以分解。建设项目的这种组合性决定了计价的过程是一个逐步组合的过程。这一特征在计算概算和预算造价时尤为明显,所以也反映到合同价和结算价中。其计算过程和计算顺序是:分部分项工程单价→单位工程造价→单项工程造价→建设项目总造价。

(4)方法的多样性

为适应多次性计价有各不相同的计价依据;对造价的精确要求不同,计价方法也具有多样性特征。计算和确定概算、预算造价有两种基本方法,即单价法和实物法。计算和确定投资估算的方法有设备系数法、生产能力指数估算法等。不同的方法利弊不同,适应条件也不同,所以计价时要加以选择。

(5)依据的复杂性

由于影响计价的因素多,因此计价的依据复杂、种类繁多,主要可分为以下七类:

①计算设备和工程量的依据,包括项目建议书、可行性研究报告、设计文件等。

②计算人工、材料、机械等实物消耗量的依据,包括投资估算指标、概算定额、预算定额等。

③计算工程单价的价格依据,包括人工单价、材料价格、材料运杂费、机械台班费等。

④计算设备单价依据,包括设备原价、设备运杂费、进口设备关税等。

⑤计算间接费和工程建设其他费用的依据。

⑥政府规定的税费。

⑦物价指数和工程造价指数。

依据的复杂性不仅使计算过程复杂,而且要求计价人员熟悉各类依据,并加以正确利用。

1.2 投 资 估 算

投资估算是指在项目的投资决策阶段,依据有关资料和一定的方法,对建设项目未来可能发生的全部费用进行的预测和估算。它是建设项目在建设前期的造价文件,是建设项目可行性研究的重要内容,是建设项目经济效益评价的基础和决定项目取舍的重要依据,是项目决策阶段的计价工作。

1.2.1　估算的分类

一项完整的建设项目一般都包括建筑工程和设备安装工程两大类。因此,工程造价估算也就分为建筑工程估算和设备安装工程估算两大类。

(1)建筑工程

所谓建筑工程系指永久性和临时性的各种房屋和构筑物。如厂房、仓库、住宅、学校、剧院、矿井、桥梁、电站、铁路、码头、体育场等新建、扩建、改建或重建工程,各种民用管道和线路的敷设工程;设备基础、炉窑砌筑、金属结构构件(如支柱、操作台、钢梯、钢板栏杆等)工程,以及农田水利工程,等等。

(2)设备安装工程

所谓设备安装工程系指永久性和临时性生产、动力、起重、运输、传动和医疗、实验、体育等设备的装配、安装工程,以及附属于建筑工程被安装设备的管线敷设、绝缘、保温、刷油等工程。

上述两类工程通过施工活动才能实现,属于创造物质财富的生产性活动,是基本建设工作的重要组成部分。因此,也是估算内容的重要组成部分。

1.2.2　编制原则和方法

1.2.2.1　投资估算的编制原则

1.投资估算的编制依据

(1)项目总体构思和描述报告

项目总体构思和描述报告是投资估算中工程量计算的依据。它包括项目的建设规模、产品方案、主要工程项目和辅助工程项目一览表、主要设备清单及前期工作设想等。

(2)工程计价的技术经济指标

工程计价的技术经济指标是投资估算中实物量消耗和价格计算的依据。它包括估算指标、概算指标、概算定额和同类建设项目的投资资料及其技术经济指标。

(3)市场经济信息

市场经济信息资料是投资估算的重要依据。它包括全方位、多层次的经济信息。从内容上看,有劳务市场、建材市场、设备供应和租赁市场的价格信息及资金市场、外汇市场的利率、汇率信息;从时间上看,有历史档案资料、现时行情信息和近期预测报告。

2.投资估算的编制原理

投资估算是根据项目建议书或可行性报告中对建设项目总体构思和描述报告,利用以往积累的工程造价资料和各种经济信息,凭借估算师的智慧、技能和经验编制而成的。

第一,根据总体构思和报告中的建筑方案构思、结构方案构思、建筑面积分配计算和单项工程描述,列出各单项工程的用途、结构和建筑面积;利用工程计价的技术经济指标和市场经济信息,估算出建设项目中的建筑工程费用。

第二,根据报告中机电设备构思和设备购置及安装工程描述,列出设备购置清单;参照设备安装工程估算指标及市场经济信息,估算出设备、工器具购置费用以及需安装设备的安装工程费用。

第三,根据建设中可能涉及的其他费用构思和前期工作设想,按照国家、地方有关法规和政策,编制其他费用估算(包括预备费用和贷款利息)。

第四,根据产品方案,参照类似项目流动资金占用率,估算出流动资金。

最后,将建筑安装工程费用,设备、工器具购置费用,其他费用和流动资金汇总,估算出建设项目总投资。

1.2.2.2 投资估算的编制方法

投资估算包括固定投资估算和流动资金估算。

1.固定投资的估算方法

编制固定投资估算,一般先进行静态投资估算,然后再考虑通货膨胀和资金来源与筹措等因素进行动态投资估算,最后将静态投资和动态投资合二为一,形成固定投资总额。

(1)静态投资的估算方法

所谓静态投资,是指按某一基准日价格为依据估算的投资。一般以建设项目开工前一年底为基准日。

静态投资估算的编制方法很多,每种方法都有其独特的优点和长处,但也存在一定的局限性和适用性。因此,在编制静态投资估算前应根据项目的性质、项目的技术资料和数据的具体情况以及项目可行性研究所处的阶段,有针对性地选用适宜的估算方法。

(2)项目静态投资估算方法之一

①资金周转率法

这是一种用已建类似项目的资金周转率来推测拟建项目投资额的简便方法。其计算公式如下:

$$投资额 = \frac{拟建项目产品设计年产量 \times 产品单价}{资金周转率}$$

$$资金周转率 = \frac{已建类似项目年销售总额}{投资额} = \frac{产品年产量 \times 产品单价}{投资额}$$

拟建项目资金周转率可以根据已建类似项目的有关数据进行推测,然后再根据拟建项目的设计产品年产量及预测单价,估算出拟建项目的投资额。公式中投资额的口径应一致,要么都是固定投资,要么都是总投资(包括流动资金)。

这种方法计算简便,速度快,也无须对项目进行详细描述,只需了解产品的年产量和单价即可,但误差较大。一般可用于投资机会研究及项目建议书阶段的投资估算,不宜用于详细可行性研究阶段的投资估算。

②生产能力指数法

这是一种根据已建成的、性质类似的建设项目或单项工程(生产装置)的投资额和生产能力来推测拟建项目或单项工程(生产装置)的投资额。其计算公式如下:

$$I = I_0 \times \left(\frac{Q}{Q_0}\right)^n \times f$$

式中　$I(I_0)$——拟建(已建类似)项目或装置的投资额;

　　　$Q(Q_0)$——拟建(已建类似)项目或装置的生产能力;

　　　f——不同时间、不同地点的价格和费用的调整系数;

　　　n——生产能力指数,$0 < n \leqslant 1$。

若已建类似项目或装置的生产能力与拟建项目或装置相近,生产能力比值在 0.5~2.0 之间,则指数 n 的取值近似为 1。

若已建类似项目或装置的生产能力与拟建项目或装置的生产能力相差大于 50 倍,且拟建项目生产能力的扩大仅靠扩大设备规模来达到的,则 n 取值在 0.6~0.7 之间;若是靠增加相同规格设备的数量达到时,则 n 取值在 0.8~0.9 之间。

这种方法计算简便,速度快,但要求类似项目的资料可靠、条件基本相同,否则误差就会增大。

③以设备费为基础的比例系数法

一般工业项目中设备投资在总投资中占有很大比重,可以根据工业项目建设的经验,找出设备费用与建筑工程费用、设备安装工程费用的比例关系或与各专业工程费用的比例关系,从而求得固定投资。

a.专业工程比例系数法

专业工程比例系数法是以拟建项目或装置的设备费为基数,根据已建成的同类项目或装置的建筑工程、安装工程等费用占设备投资的百分比,求出相应工程的投资及其他投资,其总和即为固定投资。其公式如下:

$$I = E(1 + f_1 P_1 + f_2 P_2 + \cdots f_n P_n) + O$$

或

$$I = E(1 + f_1' P_1' + f_2' P_2' + \cdots f_n' P_n') + O$$

式中　I——拟建项目或装置的固定投资;

　　　E——拟建项目或装置的设备购置费用;

　　　O——拟建项目或装置的其他费用;

　　　P_n——已建项目中建筑工程、设备安装工程、工器具购置等费用与设备购置费用的比率;

　　　f_n——由于时间、地点等因素引起拟建项目的建筑工程、设备安装工程、工器具购置费用变化的综合调整系数;

　　　P_n'——已建项目中各专业工程(总图、土建、给排水、电气、通风、电信、自控、管道工程)及工器具购置费用与设备购置费用的比率;

　　　f_n'——由于时间、地点等因素引起拟建项目的各专业工程和工器具购置费用变化的综合调整系数。

b.朗格系数法

朗格系数法是以拟建项目或装置的设备费为基数,乘以适当的系数来推算项目的固定投资。其公式如下:

$$I = E\left(1 + \sum K_i\right)\left(1 + \sum K_j\right)$$

式中　K_i——工程费用(建筑、安装、管线、仪表等)的估算系数;

　　　K_j——其他费用(土地、勘察、设计、监理、保险、不可预见费等)的估算系数。

比例系数法的误差率比前两种方法低得多,适用于初步可行性研究阶段编制投资估算。

(3)项目静态投资估算方法之二

①指标估算法

指标估算法是根据事先编制的各种投资估算指标进行投资估算。投资估算指标根据其所包含的内容和综合程度分有：单位工程估算指标、单项工程综合指标和单元指标。

a. 单位工程估算指标估算法

单位工程估算指标的表现形式较多，如以元/m、元/m²、元/m³、元/t、元/(kV·A)等表示。根据这些单位工程估算指标，乘以相应的实物工程量（m、m²、m³、t 和 kV·A 等），就可以求出相应土建工程、给排水工程、电气工程、通风空调工程、变配电工程等各单位的投资，将其汇总成单项工程投资，再估算其他费用投资，即得项目所需的固定投资。

采用这种方法编制投资估算应注意两点：一是注意指标与具体工程之间的差异，应根据拟建工程的特点，对指标进行必要的换算或调整；二是注意指标的编制时间与拟建项目的建设时间差异，应利用物价指数对指标的价格进行必要的修正。

b. 单项工程综合指标估算法

单项工程综合指标多以单位建筑面积投资表示，故又称单位面积综合指标，其投资内容包括该单项工程内的土建、给排水、电气、通风空调等费用。计算公式如下：

$$\begin{matrix}\text{单项工程} \\ \text{投资}\end{matrix} = \begin{matrix}\text{建筑} \\ \text{面积}\end{matrix} \times \begin{matrix}\text{单项工程} \\ \text{综合指标}\end{matrix} \times \begin{matrix}\text{指标物价} \\ \text{浮动指数}\end{matrix} \pm \begin{matrix}\text{建筑和结构} \\ \text{差异的价差}\end{matrix}$$

c. 单元指标估算法

单元指标是每个估算单位的投资额。估算单位是指民用建筑的功能值，如宾馆：元/客房套，医院：元/床位，学校：元/席位，剧场：元/座位。其计算公式如下：

$$\text{项目固定投资} = \text{民用建筑的功能值} \times \text{单元指标} \times \text{物价浮动指数}$$

②模拟概算法

模拟概算法是根据项目构思和描述报告，凭借估算人员自身的知识和阅历，发挥想像力将项目更具体化，然后用编制概算的方法来编制投资估算，故称模拟概算法。

模拟概算法要求项目构思和描述报告达到一定深度（深入到单位工程描述），且估算人员具有科学合理的想像能力，能根据描述报告想像和估算出深入到项目分部分项的工程量。其估算步骤大致如下：

a. 根据项目构思和描述报告，列出单项工程和单位工程清单；

b. 根据单位工程描述报告，估算出分部分项工程量；

c. 估算单项工程投资：

$$\begin{matrix}\text{单位工程} \\ \text{投资}\end{matrix} = \sum \left(\begin{matrix}\text{分部分项} \\ \text{工 程 量}\end{matrix} \times \begin{matrix}\text{概算定额} \\ \text{单价}\end{matrix}\right) \times \left(1 + \begin{matrix}\text{综合} \\ \text{费率}\end{matrix}\right)$$

$$\begin{matrix}\text{单项工程} \\ \text{投资}\end{matrix} = \sum \left(\begin{matrix}\text{单位工程} \\ \text{投资}\end{matrix} + \begin{matrix}\text{包括在该单项工程内的} \\ \text{设备、工器具费用投资}\end{matrix}\right)$$

d. 估算其他费用投资：根据其他费用描述报告，逐项估算其他费用投资；

e. 估算建设项目固定投资：

$$\text{建设项目固定投资} = \sum (\text{单项工程投资} + \text{其他费用投资})$$

模拟概算法在实际工作中应用较多，具有可操作性，与其他方法相比具有较高的准确性。此方法多用于详细可行性研究阶段。

模拟概算法也适用于工业项目的投资估算。

（4）动态投资的估算方法

动态投资包括建设期物价波动可能增加的投资（涨价预备费）和建设期投资借款的利息。如果是涉外项目还应考虑汇率波动的影响。

涨价预备费的估算：涨价预备费应以基准日静态投资额和资金使用计划为基础，计算可能增加的投资额。其计算公式如下：

$$V = \sum_{t=1}^{n} I_t \left[(1+i)^t - 1 \right]$$

式中　V——涨价预备费；

　　　I_t——建设期中第 t 年的计划投资额（按建设期前一年价格水平估算）；

　　　n——建设期年份数；

　　　i——年平均价格变动率。

2. 流动资金投资的估算方法

（1）流动资金及其分类

流动资金是指项目建成投产后，垫支在原材料、在产品、产成品等方面的流动资金。它是保证生产经营活动正常进行所必需的周转资金，因此也是项目总投资的组成部分之一。

流动资金按其在生产过程中发挥的作用，可分为生产领域中的流动资金和流通领域中的流动资金。

生产领域中的流动资金包括成品资金（产成品和外购商品）、结算资金（应收款和预付款）和货币资金（备用金和存款等）。

流动资金按其管理方式的不同，可分为定额流动资金和非定额流动资金。

定额流动资金是可以根据生产任务、企业规模、材料消耗定额和供应条件等具体情况确定其正常生产需要量的那部分流动资金，包括生产储备资金、生产资金和成品资金。为了保证生产经营活动正常进行和合理控制各项材料物资储备，对上述各项流动资金需拟定定额，实行定额管理。

非定额流动资金是指不确定其定额的流动资金，如应收账款、库存现金、银行存款等结算资金和货币资金。这部分流动资金通常在流动资金总额中所占的比例不大，数量也不稳定，有的难以确定其经常占用量，有的不需确定经常占用量，所以不拟定定额，不实行定额管理。

（2）流动资金投资的估算方法

对拟建项目流动资金进行投资估算，应根据项目的生产特点和资料数据掌握的实际情况来进行。常用的流动资金估算方法有以下两种：

① 流动资金率估算法

流动资金率估算法是参照类似项目流动资金占用额与销售收入（或销售成本）的比率来确定拟建项目流动资金需求额的一种方法。其计算公式如下：

$$\begin{matrix} 拟建项目流动 \\ 资金投产额 \end{matrix} = \begin{matrix} 拟建项目年销售 \\ 收入（或年销售成本） \end{matrix} \times \begin{matrix} 类似项目销售收入（或 \\ 销售成本）流动资金率 \end{matrix}$$

$$\begin{matrix} 类似项目销售收入（或 \\ 销售成本）流动资金率 \end{matrix} = \frac{类似项目年流动资金平均占用额}{类似项目年销售收入（或年销售成本）}$$

在采用流动资金率估算流动资产投资时，要注意拟建项目与类似已建项目在原材料供应条件等方面的可比性。如果条件不尽相同，应对销售收入（或销售成本）流动资金率进行适当调整,再计算流动资产投产额。

这种方法的计算结果准确度不高,适用于机会研究、项目建议书阶段和初步可行性研究阶段的流动资产投资估算。

②分项详细估算法

分项详细估算法就是根据流动资金的分类构成逐项进行估算。

a. 定额流动资金估算

定额流动资金又称存货流动资金,其估算的计算公式如下:

$$分项流动资金需求额 = 分项流动资金平均每天需求额 \times 定额天数 \quad 或 \quad 分项流动资金需求额 = \frac{分项流动资金年需求额}{周转次数}$$

其中:

$$分项流动资金年需求额 = 年产量 \times 某要素定额消耗量 \times 单价$$

$$周转次数 = \frac{360}{定额天数}$$

b. 非定额流动资金估算

非定额流动资金估算公式如下:

$$应收账款 = \frac{年销售收入}{周转次数}$$

$$应付账款 = \frac{年外购材料、燃料费用额}{周转次数}$$

$$货币资金 = \frac{总成本 - (折旧费 + 摊销费 + 修理费 + 外购材料、燃料费)}{周转次数}$$

c. 资金估算汇总

整个项目所需流动资金的计算公式如下:

$$流动资金 = 流动资产 - 流动负债$$
$$= 应收账款 + 存货 + 货币资金 - 应付账款$$

一般情况下,流动资金估算需编流动资金估算表,参见表1-1。

表 1-1　流动资金估算

序　号	项　目	年(天)需求额(万元)	定额天数	周转次数	定额需求额(万元)
1	流动资产				
1.1	应收账款				
1.2	存货				
1.2.1	原材料				
1.2.2	燃料				
1.2.3	在产品				
1.2.4	产成品				
1.2.5	其他				
1.3	现金				
2	流动负债				
2.1	应付账款				
3	流动资金(1)-(2)				

铺底流动资金:在估算流动资产投产以后,还要考虑它的资金来源。现行政策规定,投资项目所需的流动资金中企业自己准备的不得少于 30% 的资金称铺底流动资金。

1.3 设 计 概 算

设计概算是指在初步设计阶段,根据初步设计图纸、概算定额或概算指标以及费用定额等有关资料,确定某项工程全部建设费用的文件。它是确定拟建工程建设项目所需的投资额或非用以控制工程造价而编制的经济文件,是初步设计文件的重要组成部分,是项目设计阶段的计价工作。

1.3.1 设计概算的构成

设计概算从项目构成层次上可以分三级,即单位工程概算、单项工程综合概算、建设项目总概算。各级之间的关系如图 1-4 所示。

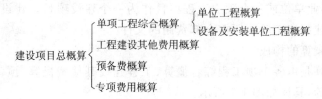

图 1-4 设计概算构成层次示意图

1.3.1.1 单位工程概算

1.单位工程概算的概念

所谓单位工程,是指具有独立的设计图纸,但是竣工后不能单独发挥生产效益的工程,如建筑工程、设备及安装工程等。单位工程概算是确定各单位工程建设费用的文件,是编制单项工程综合概算的组成部分。

2.单位工程概算的费用内容

单位工程概算按其工作性质可分为一般土建工程概算和设备及安装工程概算两大类,具体如图 1-5 所示。

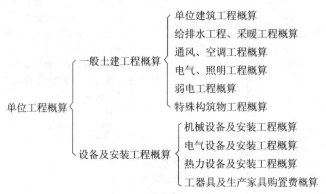

图 1-5 单位工程概算构成示意图

1.3.1.2 单项工程综合概算

1.单项工程综合概算的概念

所谓单项工程是指具有独立的设计图纸、竣工后能独立发挥生产效益的工程。单项工程综合概算是确定一个单项工程所需建设费用的文件，它是由单项工程中的各单位工程概算汇总编制而成的，是建设项目概算的组成部分。

2.单项工程综合概算的费用内容

单项工程综合概算按其费用内容，包括建筑单位工程概算、设备及安装单位工程概算、工程建设其他费用概算（在不编建设项目总概算时列入），具体如图 1-6 所示。

- 单项工程综合概算
  - 建筑单位工程概算
  - 设备及安装单位工程概算
  - 工程建设其他费用概算（在不编建设项目总概算时列入）

图 1-6　单项工程综合概算构成示意图

1.3.1.3　建设项目总概算

1.建设项目总概算的概念

所谓建设项目是指按一个总体设计进行建设的各个单项工程所构成的总体。在我国通常把建设一个企业、事业单位或一个独立工程项目作为一个建设项目。建设项目总概算是确定整个建设项目从筹建到竣工验收所需全部费用的文件。

2.建设项目总概算的构成

建设项目总概算是由各单项工程综合概算、工程建设其他费概算、预备费概算、专项费用概算汇总编制而成的，具体如图 1-7 所示。

- 建设项目总概算
  - 各单项工程综合概算
    - 主要生产项目综合概算
    - 辅助项目综合概算
    - 公用系统项目综合概算
    - 行政福利设备综合概算
    - 住宅与生活设施综合概算
    - 场外工程项目综合概算
  - 工程建设其他费用概算
    - 建设管理费
    - 可行性研究费
    - 研究实验费
    - 勘察设计费
    - 环境影响评价费
    - 劳动安全卫生评价费
    - 场地准备及临时设施费
    - 引进技术和引进设备其他费
    - 联合试运转费
    - 特殊设备安全监督检验费
    - 市政公用设施建设及绿化费
    - 建设用地费
    - 专利及专有技术使用费
    - 生产准备及开办费
  - 预备费概算
    - 基本预备费
    - 价差预备费
    - 建设期利息
  - 专项费用概算
    - 铺底流动资金
    - 固定资产投资方向调节税

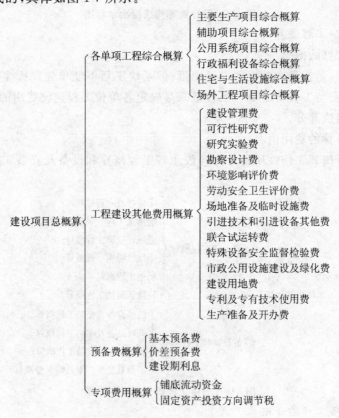

图 1-7　建设项目总概算构成示意图

1.3.2 设计概算的编制原则和方法

1.3.2.1 设计概算的编制原则

（1）严格执行国家的建设方针和经济政策。在编制设计概算的过程中，要严格按照国家的方针政策办事，坚决执行勤俭节约的方针，严格执行规定的设计标准。

（2）完整、准确地反映设计内容。编制设计概算，要认真领会设计意图，根据设计文件、图纸准确计算工程量，避免重复计算和漏算。设计修改后，要及时修改设计概算。

（3）符合拟建工程实际，反映工程所在地当时的价格水平。为提高设计概算的准确性，要求实事求是地对工程所在地的建设条件、可能影响造价的各种因素进行认真的调查研究。在此基础上正确使用定额、指标、费率和价格等计价依据，按照现行工程造价的构成，根据有关部门发布的价格信息及价格调整指数，考虑建设期的价格变化因素，使设计概算尽可能反映设计内容、施工条件和实际价格。

1.3.2.2 设计概算的编制方法

单位工程概算包括建筑工程概算和设备及安装工程概算两大类。其费用内容包括：直接费、间接费、利润和税金。

建筑单位工程概算的编制方法一般有三种：概算定额法、概算指标法和类似工程概算法。

1. 概算定额法

（1）概算定额法的含义

概算定额是在预算定额的基础上，按照建筑物的结构部位划分项目，再将若干个预算定额项目综合为一个概算定额项目的扩大结构定额。例如：在预算定额中，砖基础、墙基防潮层、人工挖基槽各为一个分项工程项目，但在概算定额中，将这几个项目综合成了一个项目，称为砖基础工程项目，它包括了从挖基槽到墙基防潮层的全部施工过程。

概算定额法又叫扩大单价法，它是利用当地政府和主管部门规定的概算定额、扩大单位估价表和取费标准等文件，根据初步设计图纸计算主要工程量而进行编制的。其编制方法和编制步骤类似于用预算定额编制建筑工程预算，主要区别在于计算工程量的方法不同。概算定额的项目划分和包括的工程内容有较大的扩大和综合。

$$概算定额或消耗量定额单价 = 单位人工费 + 单位材料费 + 单位机械费$$

（2）概算定额法的编制步骤

①熟悉初步设计文件，了解设计意图，熟悉定额的内容及其使用方法。

②根据初步设计文件和《全国统一建筑工程量计算规则》（土建工程）计算建筑结构比较明确的分项工程量，对于在初步设计阶段无法计算的一些零星项目计算概算工程量。

③套用概算定额计算直接工程费。

④以直接工程费为基础，计算出建筑工程费。

⑤分析概算书中的人工、主要材料、机械台班数量，为调整价差提供依据。

（3）概算定额法的适用范围

概算定额法要求初步设计达到一定深度，建筑结构比较明确，能按照初步设计的平面、立面、剖面图纸计算出楼地面、墙身、门窗和屋面等概算定额子目所要求的扩大分项工程的工程量时，才可采用。

2. 概算指标法

(1)概算指标法的含义

概算指标法是采用当地政府和有关权威机构公布的概算指标(一般是单位建筑面积的造价或单位建筑面积的人工、主要材料、施工机械的消耗量)计算出直接工程费,然后按照有关的取费标准计算出直接费、间接费、利润和税金,进而汇总总造价的方法。

(2)概算指标法的编制步骤

①首先按照设计的要求和结构特征与原概算指标中的"简要说明"和"结构特征"对照,选择比较合适的概算指标。

②新设计的建筑物在结构特征上与原概算指标有部分出入时需加以换算。换算的公式为:

$$结构变化修正概算指标 = J + Q_1 P_1 - Q_2 P_2 \quad (元/m^2)$$

式中　J——原概算指标;

　　　Q_1——换入新结构的含量;

　　　Q_2——换出旧结构的含量;

　　　P_1——换入新结构的单价;

　　　P_2——换出旧结构的单价。

或

$$\begin{matrix} 结构变化修正概算指标 \\ 的人工、材料、机械数量 \end{matrix} = \begin{matrix} 原概算指标的人工、 \\ 材料、机械数量 \end{matrix} + \begin{matrix} 换入结构件 \\ 工程量 \end{matrix} \times \begin{matrix} 相应定额人工、 \\ 材料、机械消耗量 \end{matrix} -$$

$$\begin{matrix} 换出结构件 \\ 工程量 \end{matrix} \times \begin{matrix} 相应定额人工、 \\ 材料、机械消耗量 \end{matrix}$$

③调整价差计取综合费用,汇总总造价。由于原概算指标编制年份的设备、材料、人工等价格与拟建工程当时当地的价格不一样,因此,必须对其进行调整。调整费用的计算公式为:

$$\begin{matrix} 设备、人工、材料、 \\ 机械修正概算费用 \end{matrix} = \begin{matrix} 原概算指标的设备、 \\ 人工、材料、机械费用 \end{matrix} + \sum \begin{matrix} 换入设备、人工 \\ 材料、机械数量 \end{matrix} \times \begin{matrix} 拟建地区 \\ 相应单价 \end{matrix} -$$

$$\sum \begin{matrix} 换出设备、人工 \\ 材料、机械数量 \end{matrix} \times \begin{matrix} 原概算指标设备、人工、 \\ 材料、机械单价 \end{matrix}$$

(3)概算指标法的适用范围

概算指标法是当初步设计深度不够,不能准确地计算出工程量,但工程设计是采用技术比较成熟而又有类似工程概算指标可以利用时,可采用此法。

3.类似工程概算法

(1)类似工程概算法的含义

类似工程概算是利用技术条件与设计对象相类似的已完工程、在建工程的预算造价资料来编制拟建工程设计　算的方法。用该方法编制设计概算的时间短,数据较为准确。

(2)类似工程概算法的编制方法

①类似工程概算造价资料有具体的人工、材料、机械台班的用量时,可以按照类似工程概算造价资料中的主要材料用量、工日数量、机械台班用量乘以拟建工程所在地的主要材料概算价格、人工单价、机械台班单价,计算出直接工程费,再乘以当地的综合费率,即可得出所需的造价指标。

②类似工程概算造价资料中只有人工、材料、机械台班费用和措施费、间接费时,可按下式调整:

$$D = AK$$

$$K = a\%K_1 + b\%K_2 + c\%K_3 + d\%K_4 + e\%K_5$$

式中 D——拟建工程单方概算造价；

A——类似工程单方概算造价；

K——综合调整系数；

$a\%$、$b\%$、$c\%$、$d\%$、$e\%$——类似工程概算的人工费、材料费、机械台班费、措施费、间接费占概算造价的比重，如：$a\%=[$类似工程人工费（或工资标准）/类似工程概算造价$]\times100\%$；$b\%$、$c\%$、$d\%$、$e\%$类同；

K_1、K_2、K_3、K_4、K_5——拟建工程地区与类似工程概算造价在人工费、材料费、机械台班费、措施费和间接费之间的差异系数，如：$K_1=$拟建工程概算的人工费（或工资标准）/类似工程概算人工费（或地区工资标准），K_2、K_3、K_4、K_5类同。

（3）类似工程概算法的适用范围

类似工程概算法适用于拟建工程初步设计与已完工程或在建工程的设计相类似又没有可用的概算指标时采用，但必须对建筑结构差异和价格进行调整。

1.3.3　设备及安装工程概算的编制方法

设备及安装工程概算包括设备购置费用概算和设备安装工程费用概算两部分。

（1）设备购置费概算

设备购置费是根据初步设计的设备清单计算出设备原价，并汇总求出设备总原价，然后按有关规定的设备运杂费费率乘以设备总原价，两者相加即为设备购置费概算。其计算公式为：

$$\text{设备购置费概算} = \sum\left(\text{设备清单中的设备数量} \times \text{设备原价}\right) \times \left(1 + \text{运杂费费率}\right)$$

（2）设备安装工程费概算

设备安装工程费概算的编制方法根据初步设计的深度和明确的程度来确定，依据不同情况，设备安装工程费概算的编制一般有四种方法。

①预算单价法。当初步设计较深，有详细的设备清单时，可采用预算单价法编制。预算单价法是直接按安装工程预算定额单价编制安装工程概算，概算编制程序基本上与安装工程施工图预算相同。该方法计算比较具体，因此精确度较高。

$$\text{设备安装费} = \text{设备原价} \times \text{安装费费率}$$

②扩大单价法。当初步设计深度不够，设备清单不完备，只有主体设备或仅有成套设备重量信息时，可采用扩大单价法编制。扩大单价法是采用主体设备、成套设备的综合扩大安装单价来编制概算。具体操作与利用概算指标法编制建筑工程概算相类似。

③设备价格百分比法，又叫安装设备百分比法。当初步设计深度不够，只有设备出厂价而无详细设备规格、重量信息时，安装费可按占设备费的百分比计算。百分比值（即安装费率）由主管部门制定或由设计单位根据类似工程确定。该法常用于价格波动不大的定型产品和通用设备产品。

④综合吨位指标法。当初步设计提供的设备清单有规格和设备重量信息时，可采用综合吨位指标来编制概算，其综合吨位指标由主管部门或由设计院根据已完类似工程资料确定。该法常用于设备价格波动较大的非标准设备和引进设备的安装工程概算。其公式为：

$$设备安装费 = 设备吨重 \times 每吨设备安装费指标 \quad (元/t)$$

1.3.4 单项工程综合概算的编制方法

单项工程综合概算是在单位工程概算的基础上汇总而成的,它是确定单项工程建设费用的综合性文件,是建设项目总概算的组成部分。

当一个建设项目由多个单项工程构成时,其单项工程综合概算文件一般包括编制说明(不编制总概算时列入)和综合概算表(含其所附的单位工程概算表和建筑材料表)两大部分。当一建设项目仅有一个单项工程构成时,其单项工程综合概算文件不仅包括上述内容,还包括工程建设其他费用、预备费和专项费用的概算。

(1)编制说明。编制说明位于综合概算表的前面,在编制说明中一般应说明以下内容:

①编制依据,包括国家、地方政府及有关部门的有关规定,可行性研究报告,初步设计文件,现行的计价依据等。

②编制方法,需说明本设计概算所采用的编制方法,如是采用概算定额法还是概算指标法、类似工程概算法等。

③主要设备、三大材料(钢材、木材、水泥)的数量。

④其他需要说明的问题。

(2)综合概算表。综合概算表是根据单项工程所辖范围内的各单项工程概算等基础资料,按照国家或有关部门规定的统一表格进行编制。

1.3.5 建设项目总概算的编制方法

建设项目总概算是设计文件的重要组成部分,建设项目总概算是在单位工程概算和单项工程综合概算的基础上编制而成的。其内容包括:

(1)封面、签署页及目录。

(2)编制说明。其内容应包括工程概况、资金来源及投资方式、编制依据及原则、编制方法、投资分析、其他需要说明的问题。

(3)总概算表。

(4)工程建设其他费用概算表。

(5)单项工程综合概算表和建筑安装单位工程概算表。

(6)工程量计算表和工、料、机数量汇总表。

1.3.6 修正概算

采用三阶段设计形式在技术设计阶段随着设计内容的深化,可能会发现建设规模、结构性质、设备类型和数量等内容与初步设计内容相比有出入,为此,设计单位根据技术设计图纸,概算指标或概算定额,各项费用取费标准,建设地区自然、技术经济条件和设备预算价格等资料,对初步设计总概算进行修正而形成的经济文件,即为修正概算。修正概算的作用和初步设计概算的作用基本相同。

采用概算指标法编制单位工程概算时,当拟建单位工程的结构特征与概算指标有局部不同时,则应对概算指标进行修正,然后再用修正后的新概算指标编制单位工程概算。

修正概算指标的方法,是从原指标的主要工程含量中扣除与拟建工程设计不同的结构构

件的"工、料、机"费用,再加进设计要求的结构构件所需要的"工、料、机"费用,其修正方法可用计算式表示如下:

$$\frac{概算指标}{修正单价} = \frac{概算单位}{造价指标} - \frac{换出结构}{部分单价} + \frac{换入结构}{部分单价}$$

其中:

$$\frac{换出(入)结构}{部分单价} = \frac{换出(入)结构}{部分的工程量} \times \frac{概算定额相应}{分项工程单价}$$

1.4 施工图预算

施工图预算是由设计单位根据设计图纸和预算定额编制而成的预算文件,是确定预算造价、签订安装合同、实行建设单位和施工单位投资包干和办理工程结算的依据,是项目设计阶段的计价工作。

1.4.1 施工图预算的编制依据

编制施工图预算必须深入现场进行充分的调研,使预算的内容既能反映实际又能满足施工管理工作的需要。同时,必须严格遵守国家建设的各项方针政策和法令,做到实事求是、不弄虚作假,并注意不断研究和改进编制的方法,提高效率,准确及时地编制出高质量的预算,以满足工程建设的需要。施工图预算的编制依据主要有以下几点:

(1)施工图纸及设计说明和标准图集

经审定的施工图纸、说明书和标准图集,完整地反映了工程的具体内容,分部的具体做法,结构尺寸、技术特征以及施工方法,是编制施工图预算的重要依据。

(2)现行国家基础定额及有关计价表

国家和地区都颁发有现行建筑、安装工程预算定额及计价表和相应的工程量计算规则,是编制施工图预算,确定分项工程子目、计算工程量、计算工程费的主要依据。

(3)施工组织设计或施工方案

因为施工组织设计或施工方案中包括了与编制施工图预算必不可少的有关资料,如建设地点的土质、地质情况,土(石)方开挖的施工方法及余土外运方式与运距,施工机械使用情况,结构构件预制加工方法及运距,重要的梁、板、柱的施工方案,重要或特殊设备的安装方案等。

(4)材料、人工、机械台班预算价格及市场价格

材料、人工、机械台班预算价格是构成综合单价的主要因素。尤其是材料费在工程成本中占的比重大,而且在市场经济条件下,材料、人工、机械台班的价格是随市场而变化的。为使预算造价尽可能符合实际,合理确定材料、人工、机械台班预算价格是编制施工图预算的重要前提。

(5)建筑安装工程费用定额

建筑安装工程费用定额是各省、市、自治区和各专业部门规定的费用定额及计算程序。

(6)预算员工作手册及有关工具书

预算员工作手册和工具书包括了计算各种结构件面积和体积的公式,钢材、木材等各种材料规格型号及用量数据,各种单位换算比例,特殊断面、构件的工程量的速算方法、金属材料重量表等。

1.4.2 施工图预算的编制方法

施工图预算的编制方法有两种,即定额单价法、定额实物法。两种方法是根据传统的定额和单位估价表编制出来的。

1.4.2.1 定额单价法

(1)定额单价法的含义

所谓定额单价法编制施工图预算,就是利用各地区颁发的预算定额,根据预算定额的规定计算出各分项工程量,分别乘以相应的预算定额单价,汇总后就是工程项目的直接工程费;再以直接工程费为基数,乘以相应的取费费率,计算出直接费、间接费、利润和税金,最终计算出建筑安装工程费。

(2)定额单价法的编制步骤

①掌握编制施工图预算的基础资料。施工图预算的基础资料包括设计资料、预算资料、施工组织设计资料和施工合同等。

②熟悉预算定额及其有关规定。正确掌握施工图预算定额及其有关规定,熟悉预算定额的全部内容和项目划分,熟悉定额子目的工程内容、施工方法、材料规格、质量要求、计量单位、工程量计算方法,熟悉项目之间的相互关系以及调整换算定额的规定条件和方法,以便正确地应用定额。

③了解和掌握施工组织设计的有关内容。施工图预算工作需要深入施工现场,了解现场地形地貌、地质、水文、施工现场用地、自然地坪标高、施工方法、施工进度、施工机械、挖土方式,了解施工现场总平面布置以及与预算定额有关而直接影响施工经济效益的各项因素。

④熟悉设计图纸和设计说明书。设计图纸和设计说明书不仅是施工的依据,而且也是编制施工图预算的重要基础资料。设计图纸和设计说明书上所表示或说明的工程构造、材料做法、材料品种及其规格质量、设计尺寸等设计要求,为编制施工图预算、结合预算定额分项工程项目、选择套用定额子目等提供了重要数据。

⑤计算建筑面积。严格按照《建筑面积计算规则》结合设计图纸逐层计算,最后汇总出全部建筑面积。它是控制基本建设规模,计算单位建筑面积技术经济指标等的依据。

⑥计算工程量。工程量的计算必须根据设计图纸和设计说明书提供的工程构造、设计尺寸和做法要求,结合施工组织设计和现场情况,按照预算定额的项目划分、工程量计算规则和计量单位的规定,对每个分项工程的工程量进行具体计算。它是施工图预算编制工作中的一项细致而重要的环节,约有90%以上的时间是消耗在工作量计算阶段内,而且施工图预算造价的正确与否,关键在于工程量的计算是否正确、项目是否齐全、有无遗漏和错误。

⑦编表、套定额单价、取费及工料分析。工程量计算的成果是与定额分部、分项相对口的各项工程量,将其填入"单位工程预算表",并相应填写定额编号及单价(包括必要的工料分析),然后计算分部、分项直接工程费,再汇总成单位工程直接费。最后以单位工程直接费为基础,进行取费、调差,汇总工程造价(建筑安装工程费)。

另外,一般还要求编制工料分析表,以供工程结算时作进一步调整工料价差的依据。由于目前电算技术的迅速发展,许多预算软件可以实现图形算量套价,大大加快了预算的质量和速度。

(3)定额单价法的适用范围

定额单价法是计划经济的产物,也是目前国内编制施工图预算的主要方法。它的优点是计算简便,预算人员的计算依据十分明确(就是预算定额、单位估价表以及相应的调价文件等),它的缺点是由于没有采集市场价格信息,计算出的工程造价不能反映工程项目的实际造价。在市场价格波动比较大时,定额单价法的计算结果往往与实际造价相差很大。因此,随着市场经济的发展和有关法律、法规的逐步完善,定额单价法将逐渐退出历史舞台。

1.4.2.2 定额实物法

(1)定额实物法的含义

所谓定额实物法就是"量"、"价"分离,定额子目中只有人工、材料、机械台班的消耗量,而无相应的单价。在编制单位施工图预算时,首先依据设计图纸计算各分部分项工程量,再分别乘以预算定额的人工、材料、机械台班消耗量,从而分别计算出人工、材料、机械台班的总消耗量,预算人员根据人工、材料、机械台班的市场价格确定单价,然后用人工、材料、机械台班的相应消耗量乘以相应的单价,计算出直接工程费,以直接工程费为基数,经过二次取费,计算出直接费、间接费、利润和税金,汇总工程造价。

(2)定额实物法的编制步骤

定额实物法的编制步骤与定额单价法有很多共同之处。在熟悉定额单价法的基础上,具体来看定额实物法的编制步骤:

①掌握编制施工图预算的基础资料;

②熟悉预算定额及其有关规定;

③了解和掌握施工组织设计的有关内容;

④熟悉设计图纸和设计说明书;

⑤计算建筑面积;

⑥计算工程量;

⑦套用预算人工、材料、机械定额用量;

⑧求出各分项人工、材料、机械消耗数量。

计算公式为:

$$\text{各分项人工、材料、机械消耗量} = \sum \text{各分项工程量} \times \left(\text{相应的预算人工量} + \text{材料量} + \text{机械消耗量} \right)$$

⑨按当时当地人工、材料、机械单价,汇总人工费、材料费和机械费。

计算公式为:

直接工程费＝各分项人工量×人工单价＋材料量×材料单价＋机械消耗量×机械单价

⑩计算其他各项费用,汇总造价。

从以上定额实物法的编制步骤可以看出,定额实物法与定额单价法所不同的主要是第⑦、⑧、⑨步骤。

(3)定额实物法的适用范围

用定额实物法编制施工图预算,是采用工程所在地的当时人工、材料、机械台班价格,能较好地反映实际价格水平,工程造价的准确性高,是适合市场经济体制的预算编制方法。其缺点是计算繁琐、工作量大,但利用计算机将加快计算的速度。

1.5 工 程 结 算

工程结算亦称工程竣工结算,是指单位工程竣工后,施工单位根据施工实施过程中实际发生的变更情况,对原施工图预算工程造价或工程承包价进行调整、修正、重新确定工程造价的经济文件。

虽然承包商与业主签订了工程承包合同,按合同价支付工程价款,但是,施工过程中往往会发生地质条件的变化、设计变更、业主新的要求、施工情况的变化等。这些变化通过工程索赔已确认,那么,工程竣工后就要在原承包合同价的基础上进行调整,重新确定工程造价。这一过程就是编制工程结算的主要过程。

1.5.1 工程结算的内容

1.封面

内容包括:工程名称、建设单位、建筑面积、结构类型、结算造价、编制日期等,并设有施工单位、审查单位以及编制人、审核人签字盖章的位置。

2.编制说明

内容包括:编制依据、结算范围、变更内容、双方协商处理的事项及其他必须说明的问题。

3.工程结算——直接费计算表

内容包括:定额编号、分项工程名称、单位、工程量、定额基价、合价、人工费、机械费等。

4.工程结算——费用计算表

内容包括:费用名称、费用计算基础、费率、计算式、费用金额等。

5.附表

内容包括:工程量增减计算表、材料差价计算表、补充基价分析表等。

1.5.2 工程结算的编制依据

编制工程结算除了应具备全套竣工图纸、预算定额、材料价格、人工单价、取费标准外,还应具备以下资料:

①工程施工合同;

②施工图预算书;

③设计变更通知单;

④施工技术核定单;

⑤隐蔽工程验收单;

⑥材料代用核定单;

⑦分包工程结算书;

⑧经业主、监理工程师同意确认的应列入工程结算的其他事项。

1.5.3 工程结算的编制程序和方法

单位工程竣工结算的编制,是在施工图预算的基础上,根据业主和监理工程师确认的设计变更资料、修改后的竣工图、其他有关工程索赔资料,先进行直接费的增减调整计算,再按取费

标准计算各项费用,最后汇总为工程结算造价。其编制程序和方法概述为:

①收集、整理、熟悉有关原始资料;

②深入现场,对照观察竣工工程;

③认真检查复核有关原始资料;

④计算调整工程量;

⑤套定额基价,计算调整直接费;

⑥计算结算造价。

1.5.4 工程竣工结算的审查

工程竣工结算反映工程项目的实际价格,最终体现工程造价系统控制的效果。要有效控制工程项目竣工结算价,严格审查是竣工结算阶段的一项重要工作。经审查核定的工程竣工结算是核定建设工程造价的依据,也是建设项目验收后编制竣工决算和核定新增固定资产价值的依据。因此,建设单位、监理公司以及审计部门等都十分重视竣工结算的审核把关。

1. 核对合同条款

应核对竣工工程内容是否符合合同条件要求,竣工验收是否合格,只有按合同要求完成全部工程并验收合格才能列入竣工结算。还应按合同约定的结算方法、计价定额、主材价格、取费标准和优惠条款等对工程竣工结算进行审核,若发现不符合合同约定或有漏洞,应请建设单位与施工单位认真研究,明确结算要求。

2. 检查隐蔽验收记录

所有隐蔽工程均需进行验收,检查是否有工程师的签证确认。审核时应该对隐蔽工程施工做好记录和验收签证,做到手续完整,工程量与竣工图一致方可列入竣工结算。

3. 落实设计变更签证

设计修改变更应由原设计单位出具设计变更通知单和修改图样,设计、校审人员签字并加盖公章,经由建设单位和监理工程师审查同意、签证;重大设计变更应经原审批部门审批,否则不应列入竣工结算。

4. 按图核实工程量

应依据竣工图、设计变更单和现场签证等进行核算,并按国家统一规定的计算规则计算工程量。

5. 核实单价

结算单价应按现行的计价原则和计价方法确定,不得违背。

6. 各项费用计取

建筑安装工程的取费标准应按合同要求和项目建设期间与计价定额配套使用的建筑安装工程费用定额及有关规定执行,要审核各项费率、价格指数或换算系数的使用是否正确、价差调整计算是否符合要求,还要核实特殊费用和计算程序。

7. 检查各种计算误差

工程竣工结算子目多、篇幅大,往往有计算误差。所以应认真核算,防止因计算误差多计或少算。

实践证明,一般情况下,经审查的工程结算较编制的工程结算的工程造价资金相差在10%左右,有的高达20%。工程竣工结算的审查对于控制投入、节约资金起到很重要的作用。

1.6 竣 工 决 算

建设项目竣工决算是竣工验收交付使用阶段,建设单位按照国家有关规定对新建、改建和扩建工程建设项目从筹建到竣工投产或使用全过程编制的全部实际支出费用报告。竣工决算是以实物量和货币指标为计量单位,综合反映竣工项目的建设成果和财务情况,是竣工验收报告的重要组成部分。竣工决算是正确核定新增固定资产价值、考核分析投资效果、建立健全经济责任制的依据,是反映建设项目实际造价和投资效果的文件。

1.6.1 工程结算与竣工决算的联系和区别

工程结算是由施工单位编制的,一般以单位工程为对象;竣工决算是由建设单位编制的,一般以一个建设项目或单项工程为对象。

工程结算如实反映了单位工程竣工后的工程造价;竣工决算综合反映了竣工项目的建设成果和财务情况。

竣工决算由若干个工程结算和费用概算汇总而成。

1.6.2 建设项目竣工决算的作用

(1)建设项目竣工决算采用实物数量、货币指标、建设工期和各种技术经济指标,综合、全面地反映建设项目自筹建到竣工为止的全部建设成果和财务状况。它是综合、全面地反映竣工项目建设成果及财务情况的总结性文件。

(2)建设项目竣工决算是竣工验收报告的重要组成部分,也是办理交付使用资产的依据。建设单位与使用单位在办理交付资产的验收交接手续时,通过竣工决算反映交付使用资产的全部价值,包括固定资产、流动资产、无形资产和递延资产的价值。同时,它还详细提供了交付使用资产的名称、规格、型号、价值和数量等资料,是使用单位确定各项新增资产价值并登记入账的依据。

(3)建设项目竣工决算是分析和检查设计概算的执行情况,考核投资效果的依据。竣工决算反映了竣工项目计划、实际的建设规模、建设工期以及设计和实际的生产能力,反映了概算总投资和实际的建设成本,同时反映了建设项目所达到的主要技术经济指标。通过对这些指标计划数、概算数与实际数进行对比分析,不仅可以全面掌握建设项目计划和概算执行情况,而且可以考核建设项目投资效果,为今后制定基建计划、降低成本,提高投资效果提供必要的资料。

1.6.3 竣工决算的编制

(1)竣工决算的编制依据
①建设项目计划任务书和有关文件。
②建设项目总概算书及单项工程综合概算书。
③建设项目设计施工图样,包括总平面图、建筑工程施工图、安装工程施工图及相关资料。
④设计交底或图样会审纪要。
⑤招投标文件、工程承包合同以及工程结算资料。

⑥施工记录或施工签证以及其他工程中发生的费用纪录,例如工程索赔报告和纪录、停(交)工报告等。

⑦竣工图样及各种竣工验收资料。

⑧设备、材料调价和相关纪录。

⑨历年基本建设资料和财务决算及其批复文件。

⑩国家和地方主管部门颁布的有关建设工程竣工决算的文件。

(2)竣工决算的编制步骤

①收集、整理和分析工程资料。收集和整理出一套较为完整的资料,是编制竣工决算的前提条件。在工程进行过程中,就应注意保存、搜集和整理资料,在竣工验收阶段则要系统地整理出所有工、料结算的技术资料、施工图样和各种变更与签证资料,并分析它们的准确性。

②清理各项财务、债务和结余物资。在收集、整理和分析工程有关资料中,应特别注意建设工程从筹建到竣工投产(或使用)的全部费用的各项账务、债权和债务的清理,做到工程完毕账目清新。既要核对账目,又要查点库有实物的数量,做到账与物相等、相符。对结余的各种材料、工器具和设备,要逐项清点核实、妥善管理,并按规定及时处理、收回资金。对各种往来款项要及时进行全面清理,为编制竣工决算提供准确的数据和结果。

③核实工程变动情况。重新核实各单位工程、单项工程造价,将竣工资料与原设计图样进行查对、核实,确认实际变更情况。根据经审定的承包人竣工结算原始资料,按照有关规定对原预算进行增减调整,重新核对建设项目实际造价。

④填写竣工决算报表。按照建设项目竣工决算报表的内容,完成所有报表的填写,这是编制竣工决算的主要工作。

⑤编制建设工程竣工决算说明书。

⑥进行工程造价对比分析。

⑦清理、装订竣工图。

⑧上报主管部门审查。

以上编写的文字说明和填写的表格经核对无误,可装订成册,即作为建设工程竣工决算文件,并上报主管部门审查,同时把其中财务成本部分送交开户银行签证。竣工决算在上报主管部门的同时,还应抄送有关设计单位。大中型建设项目的竣工决算还应抄送财政部、中国建设银行总行和省、市、自治区的财政厅和建设银行分行各一份。建设工程竣工决算的文件,由建设单位负责组织人员编写,在竣工建设项目办理验收使用一个月之内完成。

任务二　建筑工程定额

2.1　建筑工程定额概述

2.1.1　建筑工程定额概念

建筑工程定额(简称预算定额)是编制施工图预算不可缺少的依据。工程量确定构成工程实体的实物数量,预算定额确定一个单位的工程量所消耗的人工、材料、机械台班的消耗量。可见,没有预算定额就不可能计算出总的人工数量、各种材料消耗量和机械台班消耗量,当然也算不出工程预算造价。试想为什么不能自己确定砌筑 $1m^3$ 水泥砂浆砖基础的人工、砂浆和砖的消耗量,如果可以,那么同一个工程就会有不同的实物消耗量,就会产生各不相同的预算造价,就会使工程预算结果出现混乱。那么我们根据什么确定砌筑 $1m^3$ 砖基础所用标准砖数量呢?要根据经济学中劳动价值理论来确定。价值规律告诉我们,商品的价值(价格)是由生产这个商品的社会必要劳动量确定的。所以,工程造价管理部门要通过测算每个项目所需的社会必要劳动消耗量,才能编制出预算定额,颁发后作为编制施工图预算的指导性文件。

什么是建筑工程定额?建筑工程定额是指工程建设中,在正常的施工条件和合理的施工工期、施工工艺下完成单位合格产品所规定的人工、材料、机械台班以及资金消耗的数量标准。这个数量标准反映了社会的生产力发展水平,反映了完成工程建设的某项产品与各种生产消耗之间的特定数量关系。所谓正常施工条件是指生产过程按生产工艺和施工验收规范作业、施工条件完善、劳动组织合理、施工机械正常运转、材料供应及时和资金到位等条件。

建筑工程定额根据国家一定时期管理体制下的管理制度,根据定额的不同用途和适用范围,由国家指定的机构按照一定程序编制,并按照规定的程序审批和颁发执行。在建筑工程中实行定额管理是为了在施工中力求以最少的人力、物力和资金消耗量生产出更多、更好的建筑产品,取得最好的经济效益。

2.1.2　建筑工程定额的特点

1.科学性

定额的科学性表现为定额的编制是在认真研究客观规律的基础上,自觉遵循客观规律的要求,用科学方法确定各项消耗量标准。

2.法令性

定额的法令性,是指定额一经国家、地方主管部门或授权单位颁发,各地区及有关施工企业,都必须严格遵守和执行,不得随意变更定额的内容和水平。定额的法定性保证了建筑工程统一的造价与核算尺度。

3.群众性

定额的拟定和执行都要有广泛的群众基础。

定额的拟定，通常采取工人、技术人员和专职定额人员结合的方式，使拟定定额时能够从实际出发，反映建筑安装工人的实际水平，并保持一定的先进性，使定额容易为广大职工所掌握。

4.统一性

按定额的执行范围来看，有全国统一定额、地区统一定额和行业统一定额等；按照定额的制定、颁布和贯彻执行来看，有统一的程序、统一的原则、统一的要求和统一的用途。

5.稳定性和时效性

建筑工程定额中的任何一种定额，在一段时期内都表现出稳定的状态。根据具体情况不同，稳定的时间有长有短，一般在5～10年之间。但是，任何一种建筑工程定额都只能反映一定时期的生产力水平，当生产力向前发展了，定额就变得陈旧了。所以，建筑工程定额在具有稳定性特点的同时，也具有显著的时效性。当定额不能再起到它应有作用的时候，建筑工程定额就要重新编制或重新修订了。

2.1.3　建筑工程定额的地位和作用

定额是管理科学的基础，是现代管理科学的重要内容和基本环节。

1.定额在现代化管理中的地位

(1)定额是节约社会劳动消耗，提高劳动生产率的重要手段。定额为劳动者和管理者规定了劳动成果和经济效益的评价标准，这个标准使广大劳动者和管理者都明确了自己的具体目标，从而促使他们增强责任感和事业心，自觉地去节约劳动消耗，努力达到定额所规定的标准，提高劳动生产率。

(2)定额是组织和协调社会化大生产的工具。随着生产力的发展和生产社会化程度不断提高，可以说任何一种产品都需要很多劳动者，甚至许多企业共同来完成。众多企业和劳动者如何合理组织、彼此协调、有效指挥都需要科学的管理，而定额正是这个科学管理的重要工具。

(3)定额是宏观调控的依据。市场经济不是自由经济，在市场经济发展中，政府应加强宏观指导和调控。定额能为政府提供预测、计划、调节和控制经济发展的可靠技术依据和计量标准。

(4)定额在实现按劳分配、兼顾效率与社会公平方面有重要的作用。定额规定了劳动成果和经营效益的数量标准，以此为依据就能公平地进行合理分配和对资源进行优化配置。

2.建筑工程定额的作用

(1)有利于节约社会劳动和提高劳动生产率。这是因为：一方面定额可以促使劳动者节约社会劳动(工作时间、原材料等)，提高劳动效率，加快工作进度，增强市场竞争能力，从而多获利润；另一方面，定额可使企业加强管理、降低成本，把物化劳动消耗和活化劳动消耗控制在合理的限度内；第三方面，定额是项目决策和项目管理的依据。

(2)有利于建筑市场公平竞争。除施工定额(企业定额)外，其他定额都是公开、透明的，这些公开透明的定额为市场供给主体和需求主体都提供了准确的数量标准信息，为市场公平竞争提供了有利的条件。

(3)有利于规范市场行为。对投资者来说，定额是投资决策和投资管理的依据，他们既可以利用定额对项目科学决策，又可以利用定额对项目投资进行有效的控制；对建筑安装企业来讲，他们可根据定额进行合理的投标报价，争取获得更多的工程合同。以上双方以定额为依据，合理确定合同价。可见，定额对于完善固定资产投资市场和建筑市场，都有其重要的作用。

(4)有利于完善市场信息系统,促进市场经济有序、健康地发展。信息是市场体系中的重要因素,它的可靠性、灵敏性和程序的完备性是市场成熟程度和市场效率的重要标志。而定额管理是对市场大量信息收集、加工、传递和信息反馈的有效工具。因此,在我国建设项目管理中,以定额形式建立和完善建筑市场信息系统,正是以公有制经济为主体的社会主义市场经济的特色所在。

2.1.4 建筑工程定额的分类

2.1.4.1 按定额反映的物质消耗内容分类

按定额反映的物质消耗内容,建筑工程定额可分为:劳动消耗定额、材料消耗定额和机械消耗定额。

1.劳动消耗定额

劳动消耗定额简称劳动定额。它是指完成某一合格产品(工程实体或劳务)所规定该劳动消耗的数量标准。劳动定额的主要表现形式有产量定额和时间定额两种,且这两种形式互为倒数关系。

2.材料消耗定额

材料消耗定额简称材料定额,它是指完成某一合格产品所需消耗材料的数量标准。

材料是工程建设中使用的原材料、成品、半成品、构配件、燃料以及水电等资源的统称。材料作为劳动对象构成工程的实体,需要数量大(约占直接费的70%左右)、种类繁多。材料消耗量多少、消耗是否合理,不仅直接影响资源的有效利用,而且对工程造价、建设产品的成本控制都会产生重要的影响。因此,重视和加强材料的定额管理,制定出合理的材料消耗定额,合理组织材料保质保量的供应,是节省材料、降低造价,提高工程质量的重要途径。

3.机械消耗定额

机械消耗定额又称为机械台班消耗定额,简称机械台班定额,它是指为完成某一合格产品所需的施工机械台班消耗的数量标准。它的表现形式类似劳动定额,有机械时间定额和机械产量定额两种。在定额册中表示也类似劳动定额。

2.1.4.2 按定额的编制程序和用途分类

按定额编制程序和用途,建筑工程定额可分为施工定额、预算定额、概算定额、概算指标、投资估算指标和工期定额六类。

1.施工定额

施工定额是建筑、安装企业为组织生产和加强管理在本企业内部使用的定额。它是属于企业生产性质的定额,不是计价定额。施工定额由劳动定额、材料定额和机械定额三个相对独立的部分组成。为了适应施工企业组织生产和管理的需要,施工定额的项目划分很细,是工程建设定额中分项最细、定额子目最多的一种定额。施工定额是工程建设定额体系中的基础性定额,是预算定额的编制基础,施工定额的劳动、材料、机械台班消耗数量标准是计算预算定额劳动、材料、机械台班消耗数量标准的重要依据。

2.预算定额

预算定额是计价定额,是在编制施工图预算时,确定工程造价和计算工程中劳动、材料、机械台班需要量的一种定额。它是确定工程造价的主要依据,在招投标中,它是计算标底的依据和投标报价的重要参考;它是概算定额和概算指标的编制基础。因此,可以说预算定额是计价定额中的基础性定额,在工程建设定额体系中占有很重要的地位。

3. 概算定额

概算定额是计价定额,是在编制技术设计(或叫扩大初步设计)概算时确定工程概算造价,计算工程中劳动、材料机械台班需要量的一种定额。它是预算定额的综合扩大并与技术设计的深度相适应的一种定额。

4. 概算指标

概算指标也是计价定额,它是在初步设计阶段,确定初步设计概算造价,计算劳动、材料、机械台班需要量的一种定额。这种定额是在概算定额和预算定额的基础上编制的,比概算定额更加综合扩大,其综合扩大程度与初步设计的深度相适应。概算指标是控制项目投资的有效工具,也是编制投资计划的依据和参考。

5. 投资估算指标

投资估算指标也属于计价定额,它是在项目建议书和可行性研究阶段编制的投资估算,是确定投资需要量的一种定额。这种定额以单项工程甚至完整的工程项目为估算对象,其概括程度高并与可行性研究阶段相适应。投资估算指标是以预算定额、概算定额、概算指标以及已完工程的预、决算和价格变动等资料为依据编制的。

6. 工期定额

工期定额也属于计价定额,它是指规定各类建设工程施工期限(或建设期限)的一种定额,包括建设工期定额和施工工期定额。

(1)建设工期(以月或天数表示):是指建设项目或单项工程在建设过程中所需的时间总量。它是从开工建设时起到全部建成投产或交付使用为止所经历的时间,但不包括由于计划调整而停工、缓建所延误的时间。

(2)施工工期(以天数为计):是指单项工程或单位工程从开工到完工所经历的时间,是建设工期的组成部分。

2.1.4.3 按主编单位和管理权限分类

按主编单位和管理权限,建筑工程定额可分为:全国统一定额、行业统一定额、地区统一定额、企业定额。

1. 全国统一定额

由国家建设行政主管部门综合全国工程建设的技术和施工组织管理水平等情况编制的在全国范围内执行的定额,如全国统一安装工程定额。

2. 行业统一定额

由行业部门编制的,考虑到各行业部门的专业工程技术特点和施工组织与管理水平等情况,在本行业和相同专业性质范围内使用的定额,如铁路建设工程定额、公路建设工程定额。

3. 地区统一定额

由各省、自治区、直辖市考虑本地区特点、施工组织管理水平对全国统一定额水平作适当调整和补充所编制的定额。

4. 企业定额

各施工企业根据本企业的施工技术、组织管理水平,并参照国家、部门或地区定额水平编制,只在本企业内部使用的定额。企业定额是企业综合素质的重要标志,企业定额水平应高于国家、地区现行定额水平,才能满足施工企业的发展,才能增强市场竞争力。

2.2 建筑工程消耗量定额的编制

2.2.1 预算定额概念

预算定额是指在正常施工条件下,规定消耗在分期工程或结构件上的人工、材料、机械的数量标准。预算定额是工程建设中一项重要的技术经济文件,它的各项指标反映出在完成单位分项工程消耗的活化劳动和物化劳动的数量限度,这种限度最终确定了单项工程和单位工程的成本和造价。

2.2.2 预算定额的作用

1.预算定额是编制施工图预算、确定和控制工程造价的依据

按我国现行工程预算制度,预算定额是编制施工图预算的依据。施工图预算依照设计图纸和预算定额,确定一定计量单项工程分项人工、材料、机械台班消耗量,计算出直接费。然后,再依据费用定额确定工程成本造价。因此预算定额直接影响直接费和成本造价。

2.预算定额是设计方案进行技术经济比较、技术经济分析的依据

选择设计方案要符合技术先进、经济合理、美观适用的要求。设计方案优劣要从技术和经济两方面进行评价。预算定额能帮助设计者对所设计工程耗用的工料数量和工程费用进行衡量比较,从而确定设计方案的合理性。在推广新材料、新结构时,要根据预算定额进行综合分析,从经济角度上判断采用这些新材料、新结构的经济价值。

3.预算定额是国家对建设项目进行宏观调控的依据

通过预算定额,国家可将全国的固定资产投资和建设项目及其人、财、物的消耗控制在一个合理的水平上,实行统一的宏观调控。

4.预算定额是施工企业进行经济活动分析的依据

预算定额所规定的单位合格产品的人工、材料和机械台班消耗量指标,是施工企业进行经济核算和对施工中人、财、物的消耗情况具体分析的依据。通过具体分析,找出低工效、高消耗的薄弱环节及其原因,从而促使施工企业的经济增长由粗放型向集约型转变,提高企业在市场中的竞争力。

5.预算定额是编制建设工程招标控制价的依据和投标报价的基础

在市场经济体制下,建设工程招标标底仍是以预算定额和相应费用标准为依据编制的。在现阶段,各施工企业的企业定额(施工定额)还没有建立起来,投标报价仍是参照预算定额和本企业技术管理水平情况来确定投标报价。即使完全市场化后,量价分离的预算定额的实物消耗量仍是投标报价的重要基础。

6.预算定额是编制概算定额和概算指标的基础

概算定额和概算指标是以预算定额为基础,加以综合扩大编制的。这样不仅可以节省编制概算定额的指标和大量的人力、物力、时间,而且可以使其定额水平与预算定额保持一致,收到事半功倍的效果。

2.2.3 预算定额的编制原则

1.社会平均水平原则

社会平均水平是反映社会必要劳动时间消耗的水平。社会必要劳动时间是指"在现有的社会正常的生产条件下,在社会平均的劳动熟练程度和劳动强度下制造某种使用价值所需要的劳动时间"。所以预算定额的社会平均水平,就是在正常的施工条件、合理的施工组织和工艺条件、平均劳动熟练程度和劳动强度下,完成单位合格产品所需的劳动时间。

2.简明适用原则

预算定额编制应贯彻简明适用原则,这样有利于定额的贯彻执行;有利于掌握和增强可操作性。简明适用,就是对那些主要的、价值量大的、常用的项目和分项工程划分可细些,对那些价值量较小、不常用的项目可以放粗一些。同时要合理确定计量单位、简化工程量的计算,尽量避免同一种材料用不同的计量单位,减少换算工作量。

3.坚持统一性和差别性相结合原则

坚持统一性是指预算定额的制定规划、组织实施由国务院建设行政主管部门负责全国统一定额(或基础定额)的制定和修订工作,颁布有关工程造价管理的规章制度和办法等。这样有利于培育全国统一建设市场、规范计价行为;有利于国家通过定额和工程造价管理实现建筑安装工程价格的宏观调控。同时,全国统一定额(或基础定额)使建筑安装工程有一个统一的计价依据,也为设计和施工的经济效果考核提供一个统一的尺度。

差别性就是在统一性的基础上,各部门和省、自治区、直辖市建设主管部门可以在自己管辖范围内,根据本部门和本地区的具体情况,制定本部门和本地区定额、补充规定和管理办法,以适应我国幅员辽阔,地区之间、部门之间发展不平衡和差异大的实际情况。

2.2.4 建筑工程消耗量定额的确定

2.2.4.1 人工消耗量定额

消耗量定额中的人工消耗量不分工种、技术等级,一律以综合工日表示。内容包括基本用工、超运距用工、人工幅度差及辅助用工。

人工消耗量定额又叫人工定额。人工消耗量定额是根据预算定额的编制原则,以劳动定额为基础计算出的人工消耗量标准。它是指建筑安装工人在正常施工生产条件下和一定生产技术和生产组织条件下,按照社会平均水平的原则,确定生产单位合格产品所必须消耗的人工数量标准。因此,在讲述之前必须介绍劳动消耗定额的知识。

1.劳动消耗定额的表现形式

劳动消耗定额按用途不同,分为时间定额和产量定额。

(1)时间定额

时间定额是指在一定的生产技术和组织条件下,某工种、某种技术等级的工人小组或个人,完成单位合格产品所必须消耗的工作时间,包括有效工作时间(即基本工作时间、辅助工作时间、准备和结束时间)、不可避免的中断时间、工人必需的休息时间。

按我国现行的工作制度每一工日以 8h 计算,如单位产品时间定额(工日)为 0.738 工日/m³,其表达式为:

$$\frac{单位产品时间}{定\ 额（工日）} = \frac{小组成员工日数总和}{小组台班产量}$$

（2）产量定额

产量定额是指在一定的生产技术和组织条件下，某工种、某种技术等级的工人小组或个人在单位时间（工日）内完成合格产品的数量标准。

产量定额是根据时间定额计算，其计算式为：

$$每日产量 = \frac{1}{单位产品时间定额（工日）}$$

如：每日产量＝1.02m³/工日。

$$\frac{单位时间}{产量定额} = \frac{工作时间内完成的产品数量}{必须消耗的工作时间}$$

时间定额和产量定额，互为倒数关系：

$$时间定额 \times 产量定额 = 1$$

$$产量定额 = \frac{1}{时间定额}$$

$$时间定额 = \frac{1}{产量定额}$$

（3）人工消耗量定额复式表形式

在人工消耗量定额中，常采用复式表形式，该复式表中的时间定额和产量定额表示形式为：$\frac{时间定额}{产量定额}$。如某砖墙劳动定额复式表形式为：$\frac{时间定额}{产量定额} = \frac{0.978}{1.02}$。

2.工作时间的研究和分类

研究施工中的工作时间，最主要的目的是确定施工时间定额和产量定额。研究施工中时间的前提，是对工作时间按其消耗性质进行分类，以便研究工作时间的数量及其特点。

工作时间，指的是工作班延续时间。工人工作时间可分为必需消耗的时间和损失的时间两大类，详见图2-1。

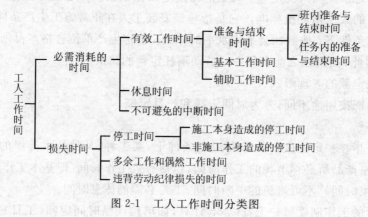

图 2-1　工人工作时间分类图

(1) 必需消耗的时间

必需消耗的时间是指在正常施工生产条件下，工人为生产某一合格产品所消耗的工作时间，它包括：有效工作时间、休息时间和不可避免的中断时间。

①有效工作时间，是指与生产某一产品有直接关系的工作时间消耗量，它包括：准备与结束时间、基本工作时间、辅助工作时间。

a. 准备与结束时间，是指工人在执行任务前的准备工作和完成任务后结束工作所需要消耗的时间。该时间长短与负担工作量大小无关，但往往与工作内容有关。准备与结束时间又可分为班内的准备与结束时间和任务内的准备与结束时间两种。班内的准备与结束时间是每天上下班前后都必须做的工作，如领退料具、布置工作地点、检查安全技术措施、调整和保养机械设备、清理现场、交接班等。任务内的准备与结束时间，是指每接受一项工作任务和完成工作任务后所必须做的准备和结束工作所需的时间，如接受施工任务后，熟悉施工图纸，组织安排工人、运输机具进入施工现场以及质量检查、交工验收、清理现场、人员退出现场等时间。

b. 基本工作时间，是指工人直接生产某一产品的施工工艺过程所消耗的时间。通过这些工艺过程能直接改变产品（材料）外形和性能，如钢筋煨变、焊接成型、混凝土制品等。基本工作时间按机械与人工作业情况又可分为：机动时间，由机械自动进行工作所消耗的时间，如开空压机、水泵等；机手并动时间，由机械与工人同时工作所消耗的时间，如开塔吊、卷扬机等；手动时间，由工人进行手工劳动的时间，如砌砖墙、用钢锯切断钢材等。基本工作时间与工作量大小成正比。

c. 辅助工作时间，是为保证基本工作顺利完成而做的辅助性工作所需消耗的时间。辅助性工作不直接导致产品的形态、性质、结构或位置发生变化，而且一般都是手工操作，如：筛砂、淋石灰膏等。如果是机手并动的情况下，辅助工作是在机械运转过程中进行的，为了避免重复则不应计辅助工作时间消耗。辅助工作时间与工作量大小有关。

②休息时间，是工人在工作过程中为恢复体力所必需的短暂休息和生理需要的时间消耗。该时间是为了保证工人精力充沛地工作，所以要计入定额时间内。休息时间多少与劳动条件有关，劳动繁重紧张、劳动条件差（如高温、高空作业），则休息时间应多些。

③不可避免的中断时间，是由于施工工艺特点引起的工作中断所必需消耗的时间，应特别指出的是：与施工过程工艺特点有关的工作中断时间，应包括在定额时间内，但与施工特点无关的工作中断所占时间，是由于劳动组合不合理所致，属损失时间，不能计入定额时间。

(2) 损失时间

由图 2-1 可知，损失时间包括：停工时间、多余工作和偶然工作时间（又叫非工作时间）、违背劳动纪律损失的时间三部分。

①停工时间，是工作班内停止工作所造成的工时损失，它包括：施工本身造成的停工时间和非施工本身造成的停工时间两种。

a. 施工本身造成的停工时间，是由于施工组织不善、材料供应不及时、工作面准备工作不好、工作地点组织不良等情况所引起的停工时间。显然，这种停工时间不能考虑在定额时间内。

b. 非施工本身造成的停工时间，是由水源、电源中断等外界因素所引起的停工时间，这种停工时间应合理考虑在定额时间内。

②多余工作和偶然工作时间（又叫非工作时间）。多余工作，就是工人做了任务以外而又不能增加产品数量的工作，如重砌质量不合格的墙体。多余工作的工时损失，一般是由工程技

术人员和工人的差错所引起的,因此,不应计入定额时间内。偶然工作,也是工人做了任务以外的工作,但能获得一定产品。如抹灰工不得不补上偶然遗留的墙洞等。从偶然工作性质上看,在定额中不应考虑它所占用的时间,但是由于偶然工作能获得一定产品,拟定定额时可以适当考虑它的影响。

③违背劳动纪律损失的时间,是指由于工人本身过失,在施工中违反劳动纪律所损失的时间。如因操作不当损坏设备、工具和工程返工,迟到早退,工作时闲谈、看报、办私事等损失时间,还包括个别工人违反劳动纪律而影响他人无法工作的时间损失。此项工时损失不应发生,也不能计入定额时间内。

3.劳动定额的编制方法

劳动定额的制定方法,通常采用计时观察法、比较类推法、统计分析法和经验估计法四种。

(1)计时观察法

计时观察法,是研究工作时间消耗的一种技术测定方法,该法是以研究工时消耗为对象,以观察测量工时为手段,通过密集抽样和粗放抽样等技术直接进行时间研究的方法,主要包括测时法、工作日写实法、写实记录法三种。

计时观察法的特点,主要用于研究工时消耗的性质和数量,在研究中能够把现场工时消耗情况和施工组织技术条件联系起来加以考察,查明和确定各种因素对工时消耗数量的影响,找出工时损失的原因,研究缩短工时、减少损失的可能性。因此,计时观察法是制定劳动定额、机械台班使用定额和与时间有关的材料(动力、燃料等)消耗定额广泛采用的方法。但计时观察法的局限,在于考虑人的因素不够。

(2)比较类推法

比较类推法又称典型定额法,它是以同类型工序、同类型产品定额典型项目的水平或技术测定的实耗工时为标准,经过分析比较,类推出同一组定额中相邻项目定额水平的方法。该法方便简捷、工作量小,只要典型定额选择有代表性、切合实际,类推出的定额水平一般比较合理。这种方法适用于同类型产品规格多、批量小的施工过程。

(3)统计分析法

统计分析法是根据一定时间内实际生产中工时消耗、产品完成数量的统计资料(施工任务单、考勤表及其他有关统计报表)和原始记录并结合当前的施工组织、技术条件和生产条件,进行分析、对比制定定额的一种方法。该方法由于统计资料是实耗工时记录,在统计时没有剔除生产技术组织中不合理因素,在一定程度上也影响定额的准确性。

(4)经验估计法

经验估计法是由老工人、定额专业人员、工程技术人员根据实践经验,并参照有关图纸分析,现场观察、了解施工艺过程和操作方法等情况,通过座谈讨论,制定定额的方法。该法特点是制定的工作过程较短,工作量较小,简便易行,但准确度取决于参加讨论的制定人员的经验,所以有一定局限性。

4.劳动定额的编制实例

【例2-1】 某工程采用人工挖Ⅱ类土,人工手推小车运土。经计时观察法测定,每挖 $1m^3$ 土必须消耗时间(定额时间)记录如下:基本工作为 60min,辅助工作时间为工作班时间的 2%,准备与结束工作时间占工作班时间的 2%,不可避免的中断时间为工作班时间的 1%,工人必须休息时间为工作班时间的 20%。求其时间定额和产量定额各是多少?

【解】 设全部工作时间为 X

则 $X=60+2\%X+2\%X+1\%X+20\%X$

$X=6000/75=80$ （min）

所以：时间定额＝（80min÷60min）÷8h＝0.166 （工日/m³）

产量定额＝1/时间定额＝1/0.166＝6.02≈6 （m³/工日）

2.2.4.2 人工消耗量定额的确定方法

人工消耗量定额的确定方法有两种：一种是以劳动定额为基础确定；另一种是用计时观察法确定。

1. 以劳动定额为基础确定消耗量定额的方法

人工消耗量的内容由基本用工和其他用工组成，其他用工包括辅助用工、超运距用工和人工幅度差。即：

定额用工（人工消耗量）＝基本用工＋超运距用工＋辅助用工＋人工幅度差

（1）基本用工

指完成单位合格产品所必须消耗的技术用工。其工日消耗按相应劳动定额工时定额计算，并以不同工种列出定额工日。

（2）其他用工

指基本用工以外的其他用工。它包括辅助用工、超运距用工和人工幅度差三种。

①辅助用工，是指技术工种劳动定额内不包括而在施工中发生的，应考虑在预算定额内的用工。如筛沙子、淋石灰膏等。

②超运距用工，是指预算定额规定的平均水平运距超过劳动定额所规定的水平运距而引起的材料超运距用工。

超运距＝预算定额取定运距－劳动定额规定的运距

③人工幅度差，是指在劳动定额作业时间之外，在定额中未包括但在正常施工条件下又不可避免发生的各种工时损失，应考虑在预算定额中的工时。其内容为：

a.各工种间的工序搭接及交叉作业之间相互配合所发生的停歇用工；

b.施工机械在单位工程之间转移及临时水、电线路移动所造成的停工；

c.质量检查和隐蔽工程验收工作所影响的停工；

d.班组操作地点转移的用工；

e.工序交接时对前一工序不可避免的修整用工；

f.施工中不可避免的其他零星用工。

$$\genfrac{}{}{0pt}{}{人\ \ 工}{幅度差}=\left(\genfrac{}{}{0pt}{}{基本}{用工}+\genfrac{}{}{0pt}{}{辅助}{用工}+\genfrac{}{}{0pt}{}{超运距}{用\ \ 工}\right)\times\genfrac{}{}{0pt}{}{人工幅度差}{系数}\quad(一般按\ 10\%\sim15\%\ 取定)$$

2. 用计时观察法确定消耗量定额的方法

当遇到劳动定额缺项时（如采用新材料、新工艺施工），需要进行新编项目测定，可采用该方法测定和计算人工消耗量定额。

2.2.4.3 材料消耗量定额

材料消耗量定额是确定材料消耗量的定额。在建筑工程中，材料费所占比重很大，为直接费的 70% 左右，管好、用好、节约好材料，是企业降低成本的主要途径。要实现降低成本的目标就要合理制定材料消耗量定额。材料消耗量定额水平如何，是否先进、合理，在很大程度上影响企业的生产技术管理和在市场中的竞争力。

1.材料消耗量性质

材料消耗量(又叫材料必须消耗量),是指在正常施工和合理使用材料情况下,生产单位合格产品所必需消耗材料(含半成品、配件等)的数量标准,我们把这个数量标准,称之为材料消耗定额。

材料消耗量按其消耗性质可分为材料净用量和材料损耗量,即:

$$材料消耗量=材料净用量+材料损耗量$$

材料净用量,是指直接用于建筑结构和安装工作中的材料。它用来编制材料净用量定额(简称材料净定额)。

材料损耗量,是指在施工中不可避免的施工废料和不可避免的材料损耗,它用于编制材料损耗定额。

2.材料消耗定额的制定方法

制定材料净用量定额和材料损耗定额的主要方法是:现场技术测定法、实验室试验法、现场统计法和理论计算法四种。

(1)现场技术测定法

现场技术测定法,主要是为编制材料损耗定额提供依据,也可以为编制材料净用量定额提供参考数据。其优点是能通过现场观察、测定,取得产品产量和材料消耗的情况。

(2)实验室试验法

实验室试验法是指在实验室里通过试验来测定材料消耗定额的一种科学方法。通过试验,对材料的结构、化学成分和物理性能以及按强度等级标定的混凝土、砂浆配合比作出科学的结论,为编制材料消耗定额提供精确的计算依据。例如:在以各种原材料为变量因素的试验中,可求出不同标号混凝土的配合比,从而计算出每 $1m^3$ 混凝土的各种材料消耗量。但是,在实验室不可能反映施工现场各种客观因素对材料消耗量的影响,所以该法主要用来编制材料净用量定额。

(3)现场统计法

现场统计法是根据在较长时间里现场所积累的分部、分项工程的用料和产品完成情况等大量统计资料,经分析、计算来制定材料消耗定额的方法。该方法简单易行,容易掌握,适用范围广。但其准确性与统计资料的准确程度和定额编制人员的水平关系很大。同时由于统计资料难以分辨出材料净用量和损耗量,因此,不能作为确定材料净用量定额和损耗定额的依据,只能作为材料消耗量定额的依据。

(4)理论计算法

理论计算法是运用一定的理论计算公式来确定材料消耗量的方法,是一种科学的制定材料消耗定额的方法。该法常用于具有较规则的外观形态或可以度量的材料的计算。例如:砌砖工程中砖和砂浆净用量一般都采用如下公式计算:

①每立方米 1 砖墙的砖数净用量:

$$砖数 = \frac{1}{(砖宽+灰缝)(砖厚+灰缝)} \times \frac{1}{砖长}$$

例如:标准砖尺寸为 240mm×115mm×53mm。

$$\text{砖数} = \frac{1}{(0.115+0.01)\times(0.053+0.01)}\times\frac{1}{0.24}$$

$$= 529.1 \quad (块)$$

砖总消耗量 $=529.1/(1-1.5\%)$

$$= 537.16 \quad (块)$$

②砂浆：

$$\text{砂浆净用量}=\text{砌体体积}-\text{砖数体积}$$

砂浆净用量 $=1(砌体体积)-529.1(砖数)\times0.24\times0.115\times0.053$

$$= 0.226 \quad (m^3)$$

砂浆总消耗量 $=0.226/(1-1.2\%)$

$$= 0.229 \quad (m^3)$$

上式中1.5%、1.2%分别为砖、砂浆的损耗率。

③每立方米1砖半墙的砖数净用量：

$$\text{砖数} = \left[\frac{1}{(砖长+灰缝)(砖厚+灰缝)} + \frac{1}{(砖宽+灰缝)(砖厚+灰缝)}\right]$$
$$\times \frac{1}{(砖长+砖宽+灰缝)}$$

以上各式中的砖和砂浆的损耗量可根据现场观察资料计算,并以损耗率表示出来。这样,以上各式的净用量加上损耗量,就等于材料总消耗量。

(5)周转性材料摊销量的确定

周转性材料是指在施工中多次使用的材料,如模板、脚手架等。周转性材料摊销定额消耗量按多次使用、每次摊销的方法来确定。在施工定额册中用分数表示,分子为一次摊销量,分母为一次使用量。

周转性材料摊销常用下面公式计算：

$$\text{一次摊销量(定额消耗量)} = \frac{\text{一次使用量}(1+\text{损耗率})}{\text{周转次数}}$$

【例2-2】 某工程现浇混凝土梁,已知木模板一次使用量为 $1.783m^3$ (不含支撑料),周转次数8次,每次周转损耗率5%,求该木模板一次摊销量。

【解】

$$\text{木模板一次摊销量} = \frac{\text{一次使用量}(1+\text{损耗率})}{\text{周转次数}}$$

$$= \frac{1.783(1+5\%)}{8}$$

$$= \frac{1.87215}{8}$$

$$= 0.234 \quad (m^3)$$

2.2.4.4 机械台班消耗量定额

机械台班消耗量定额是施工机械台班使用定额的简称。它是指正常的施工条件下,合理组织劳动和合理使用施工机械情况下,完成单位合格产品或工程量所必须使用的机械台班的数量标准。

1.机械台班消耗量定额的表现形式

机械台班消耗量定额和人工消耗量定额很相似,分为时间定额和产量定额。

机械时间定额是指生产单位合格产品所必须消耗的机械台班的数量标准,机械产量定额是指机械每台班时间内生产单位合格产品的数量标准。其表达式如下。

(1)基本表达式

$$机械时间定额 = \frac{1}{机械产量定额}$$

$$机械产量定额 = \frac{1}{机械时间额定}$$

机械时间定额和机械产量定额是互为倒数关系。

(2)人工配合机械台班消耗定额表达式

由于机械必须由工人配合,机械台班人工配合定额是指机械台班配合用工部分,即机械和人工共同工作的人工定额。表现形式为:机械台班配合工人小组的人工时间定额和完成合格产品数量。

$$机械时间定额 = \frac{机械台班内工人的总工日数}{机械台班产量定额}$$

$$机械台班产量定额 = \frac{机械台班内工人的总工日数}{机械时间定额}$$

(3)复式表示形式

$$\frac{机械时间定额}{机械台班产量定额}$$

2.机械工作时间的研究和分类

机械工作时间可分为必需消耗时间和损失时间两大类,详见图 2-2。

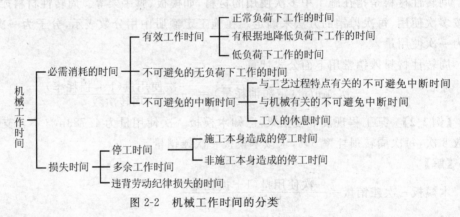

图 2-2　机械工作时间的分类

(1)必需消耗时间

机械必需消耗时间,包括有效工作时间、不可避免的无负荷下工作的时间和不可避免的中断时间三项。

①有效工作时间

a.正常负荷下工作的时间,是机械在其说明书规定负荷下进行的作业时间。

b.有根据地降低负荷下工作的时间,是在个别情况下由于技术上的原因,机械在低于其计算负荷下工作的时间。如汽车装运体积大而重量轻的货物时,不能充分利用汽车载重吨位而不得不降低其计算负荷。

c.低负荷下工作的时间,是由于工人或技术人员的过错所造成的施工机械在降低负荷的情况下工作的时间。例如,工人装车的砂石量不足引起的汽车降低负荷情况下的工作延续时间,此时间不能计入时间定额。

②不可避免的无负荷下工作的时间

不可避免的无负荷下工作的时间,是由施工过程特点和机械运行特点所造成的机械无负荷工作时间。例如,吊车卸下货物后返回起吊点无负荷时间、汽车运装货物工作开始和结束时来回空行时间等。

③不可避免的中断时间

不可避免的中断时间,是与工艺过程的特点、机械使用和保养、工人休息有关的中断时间。它又分为以下三种:

a.与工艺过程特点有关的不可避免中断时间,又分为循环和定期两种。

循环的不可避免中断时间,是机械工作的每一个循环中重复一次。如汽车装货与卸货时的停车。定期的不可避免中断时间,是经过一定时期重复一次。如灰浆泵在一地工作完成后转移到另一工作地点时的工作中断时间。

b.与机械有关的不可避免中断时间,是指使用施工机械的工人,在准备与结束工作时而使施工机械暂停的中断时间,或者在维护保养施工机械时必须使其停止运转所产生的中断的时间。

c.工人休息时间,是指操作机械的工人休息时使机械停车的时间。

(2)损失时间

损失时间是指施工机械在工作时间内与完成产品无关的损失时间。它包括停工时间、多余工作时间和违背劳动纪律损失的时间三类。

①停工时间

按其性质可以分为施工本身造成的停工时间和非施工本身造成的停工时间。

a.施工本身造成的停工时间,是指由于施工组织不善而引起的机械停工时间。如临时设有工作面,未能及时供给机械用水、燃料等引起停工时间。

b.非施工本身造成的停工时间,是指由于外部影响及气候条件而引起的停工时间。如水源、电源中断,暴风雨雪等影响。

②多余工作时间

多余工作时间指机械进行和工艺过程内未包括的工作而延续的工作时间。如工人没有及时供料而使机械空转时间,混凝土搅拌超过规定作业时间等。

③违背劳动纪律引起机械时间损失

违背劳动纪律引起机械时间损失指工人迟到早退或擅离岗位等违反劳动纪律而导致的机械停工时间。

3.施工机械台班定额的编制方法

施工机械台班定额的编制就是确定机械台班定额消耗费。它是在正常的施工条件下(工作现场的合理组织和合理的工人编制等)测定施工机械 1h 纯工作正常生产率(N)和台班时间利用系数的基本数据。

(1)确定机械 1h 纯工作正常生产率

机械纯工作时间,就是指机械的必需消耗时间。机械 1h 纯工作正常生产率,就是指在正常施工条件下,具有必需的知识和技能的技术工人操作机械 1h 的生产率。

①循环动作机械纯工作 1h 的正常生产率(N_A)的确定

$$N_A = n \cdot m$$

$$n = \frac{60 \times 60}{\text{一次循环的正常延续时间}}$$

一次循环的正常延续时间 $= \sum$（循环各组成部分正常延续时间）$-$ 交叠时间

式中　N_A——机械纯工作 1h 正常生产率；

　　　n——机械纯工作 1h 正常循环次数；

　　　m——机械一次循环生产的产品数量（一次循环产量可由机械说明书或计时观察法取得）。

②连续动作机械纯工作 1h 的正常生产率（N_B）的确定

$$N_B = m/t$$

式中　N_B——连续动作机械纯工作 1h 的正常生产率；

　　　m——连续动作机械在 t h 内完成的产量；

　　　t——连续动作机械纯工作时间（h）。

（2）确定施工机械的正常时间利用系数（K）

施工机械的正常时间利用系数，是指机械在正常施工条件下工作班内的工作时间利用率。即施工机械在工作班内净用于工作上的时间与工作班法定时间 8h 的百分比，以 K 表示。计算公式如下：

$$K = \frac{\text{机械工作班内净工作时间}(t)}{\text{机械工作班延续时间}(T)}$$

（3）确定施工机械台班定额

①施工机械台班产量定额的计算

a. 循环动作机械台班产量定额（P_A）：$P_A = N_A \cdot T \cdot K = n \cdot m \cdot T \cdot K$

b. 连续动作机械台班产量定额（P_B）：$P_B = N_B \cdot T \cdot K = \frac{m}{t} \cdot T \cdot K$

②施工机械台班时间定额（P_T）的计算

机械台班时间定额与产量定额是互为倒数关系，由产量定额的倒数便可以求出相应的时间定额。如循环动作机械台班时间定额按下式求得：

$$\text{台班时间定额}(P_T) = \frac{1}{\text{机械台班产量定额}(P_A)}$$

【例 2-3】　某挖土机，经 12 次计时观察法测定，每循环一次平均所需时间 30s，每次平均挖土量 0.8m³，正常时间利用系数 $K = 89\%$，求出该挖土机的时间定额和产量定额是多少？

【解】　该挖土机是循环动作机械，其产量定额为：

$P_A = N_A \cdot T \cdot K = n \cdot m \cdot T \cdot K$

$\quad = \dfrac{60 \times 60}{30} \times 0.8 \times 8 \times 89\%$

$\quad = 683.52 \quad (\text{m}^3/\text{台班})$

则

时间定额 $= 1/P_A = 1/683.52$

$\qquad\quad = 0.00146 \quad (\text{台班}/\text{m}^3)$

2.3 建筑工程定额统一基价表的编制

2.3.1 人工单价的确定

根据"国家宏观调控,市场竞争形成价格"的现行工程造价的确定原则,人工单价是由市场形成,但目前国家或地方对市场人工单价制定最低保护价和最高限制价。

1.人工单价的概念

人工单价也称工资单价,是指一个建筑安装工人工作一个工作日应得的劳动报酬。

工作日,是指一个工人工作一个工作天,按我国劳动法规定,一个工作日的工作时间为8h,简称"工日"。

劳动报酬应包括一个人的物质需要和文化需要。具体地讲应包括本人衣、食、住、行和生、老、病、死等基本生活的需要,以及精神文化的需要,还应包括本人基本供养人口的需要。

2.人工单价的组成

人工单价应由基本工资、工资性补贴、生产工人辅助工资、职工福利费、生产工人劳动保护费等组成。

(1)基本工资:发放给生产工人的基本工资,应指本人穿衣、吃饭等各种支出的补偿。

(2)工资性补贴:是指按规定标准发放的物价补贴,煤、燃气补贴,交通补贴,住房补贴,流动施工津贴等。

(3)生产工人辅助工资:是指生产工人年有效施工天数以外非作业天数的工资,包括职工学习、培训期间的工资,调动工作、探亲、休假期间的工资,因气候影响的停工工资,女工哺乳期间的工资,病假在6个月以内的工资及产、婚、丧假期的工资。

(4)职工福利费:是指按规定标准计算的职工福利费,如书报费、洗理费、防暑降温及取暖费等内容。

(5)生产工人劳动保护费:是指按规定标准发放的劳动保护用品的购置费及修理费、徒工服装补贴、防暑降温费,在有碍身体健康环境中施工的保健费等。

3.人工单价的影响因素

(1)社会平均工资水平提高

建筑安装工人人工单价必须和社会平均工资水平相适应。社会平均工资水平取决于经济发展水平。由于我国改革开放以来经济迅速增长,社会平均工资也有较大提高,从而人工单价也在大幅度提高。

(2)生活消费指数提高

生活消费指数的提高会导致人工单价、物价提高,生活消费就会增加,反之则降低。生活消费指数是随着生活消费品物价的变动而变化的。

(3)人工单价组成内容的增加

政府推行的社会保障和福利政策也会影响人工单价的变动,例如住房消费、养老保险、医疗保险、失业保险费等列入人工单价,会使人工单价提高。

(4)劳动力市场供需的变化

劳动力市场如果需求大于供给,人工单价就会提高,反之降低。

2.3.2 材料单价的确定

1. 材料预算价格的概念及组成内容

（1）概念

材料预算价格是指材料由其来源地点或交货地点到达施工工地仓库的出库价格（图 2-3）。

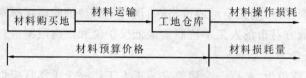

图 2-3 材料预算价格示意图

（2）组成内容

材料预算价格是指施工过程中耗费的构成工程实体的原材料、辅助材料、构配件、零件、半成品的费用的总和。内容包括：①材料原价（或供应价格）；②材料运杂费；③运输损耗费；④采购保管费；⑤检验试验费。

2. 材料价格的确定

（1）材料原价的确定

材料原价是指材料的出厂价、市场批发价、零售价以及进口材料的调拨价等。在确定材料原价时，若同一种材料购买地及单价不同时，应根据不同的供货数量及单价，采用加权平均的办法确定其材料原价。

【例 2-4】 某建筑工地需用 32.5 级硅酸盐水泥，由甲、乙、丙三个生产厂供应，甲厂 500t，单价 300 元/t；乙厂 600t，单价 320 元/t；丙厂 300t，单价 330 元/t。求加权平均原价。

【解】

① 总金额法

$$加权平均原价 = \frac{\sum （各来源地数量 \times 相应单价）}{\sum 各来源地数量}$$

$$= (500 \times 300 + 600 \times 320 + 300 \times 330) \div (500 + 600 + 300)$$

$$= 315 \quad （元/t）$$

② 数量比例法

$$加权平均原价 = \sum （各来源地材料原价 \times 各来源地数量百分比）$$

各单位数量占总量百分比为：

甲单位数量百分比 $= 500 \div (500 + 600 + 300) \times 100\% = 35.7\%$

乙单位数量百分比 $= 600 \div (500 + 600 + 300) \times 100\% = 42.9\%$

丙单位数量百分比 $= 300 \div (500 + 600 + 300) \times 100\% = 21.4\%$

加权平均原价 $= 300 \times 35.7\% + 320 \times 42.9\% + 330 \times 21.4\% = 315 \quad （元/t）$

（2）材料运杂费

材料运杂费是指材料自来源地运至工地仓库或指定堆放地点所发生的全部费用。内容包括运输费及装卸费等。

材料运杂费应按照国家有关部门和地方政府交通运输部门的规定计算，也可按市场价格计算。同一种材料如有若干个来源地，其运杂费可根据每个来源地的运输里程、运输方法和运价标准用加权平均方法计算。

【例2-5】 某工地需要某种规格品种的地砖2000m²,甲地供货1000m²,运杂费6.00元/m²;乙地供货500m²,运杂费7.00元/m²;丙地供货500m²,运杂费8元/m²。求加权平均运杂费。

【解】

地砖加权平均运杂费=(6×1000+7×500+8×500)÷(1000+500+500)

$$=6.75 \quad (元/m²)$$

(3)运输损耗费

运输损耗费,是指材料在运输及装卸过程中不可避免的损耗费用。

$$运输损耗费=(材料原价+材料运杂费)×运输损耗率$$

【例2-6】 某工地需要某种规格品种材料的材料原价为12.50元/m²,运杂费为5.36元,运输损耗率为1.5%。计算该材料的运输损耗费。

【解】

运输损耗费=(12.50+5.36)×1.5%

$$=0.27 \quad (元/m²)$$

(4)材料采购保管费

材料采购保管费是指为组织采购、供应和保管材料过程中所需要的各项费用。内容包括采购费、仓储费、工地保管费、仓储损耗。其计算式如下:

$$材料采购保管费=(原价+运杂费+运输损耗费)×采购保管费率$$

采购保管费率一般综合定为2.5%左右,各地区可根据不同的情况确定其比率。如有的地区规定:钢材、木材、水泥为2.5%,水电材料为1.5%,其余材料为3.0%。

【例2-7】 某工地需要某种规格品种的材料原价为12.50元/m²,运杂费为5.36元,运输损耗费为0.27元,材料采购保管费率为3.0%。计算该材料的采购保管费。

【解】

材料采购保管费=(12.50+5.36+0.27)×3%

$$=0.54 \quad (元/m²)$$

(5)检验试验费

检验试验费是指对建筑材料、构件和建筑安装物进行一般鉴定、检查所发生的费用,包括自设试验室进行试验所耗用的材料和化学药品等费用。不包括新结构、新材料的试验费和建设单位对具有出厂合格证明的材料进行检验,对构件做破坏性试验及其他特殊要求检验试验的费用。

$$检验试验费=材料原价×检验试验费率$$

(6)材料预算价格计算综合举例

材料预算价格的计算公式为:

$$材料预算价格=\left(材料原价+运杂费+运输损耗费\right)×\left(1+采购保管费率\right)+材料原价×检验试验费率$$

【例2-8】 某工地使用32.5级硅酸盐水泥的材料(表2-1),试计算其预算价格。

表 2-1　水泥材料来源地、数量及价格

货源地	数量(t)	出厂价(元/t)	运杂费(元/t)
甲	600	300	22
乙	400	310	20
丙	300	290	25

注:运输损耗率1.5%,采购保管费率为2.5%,检验试验费率为2%。

【解】

①材料原价=(600×300+400×310+300×290)/1300

　　　　　=300.77　(元/t)

②运杂费=(600×22+400×20+300×25)/1300

　　　　=22.077　(元/t)

③运输损耗=(300.77+22.077)×1.5%

　　　　　=4.84　(元/t)

④采购保管费=(300.77+22.077+4.84)×2.5%

　　　　　　=8.19　(元/t)

⑤检验试验费=300.77×2%

　　　　　　=6.02　(元/t)

⑥材料预算价格=300.77+22.077+4.84+8.19+6.02

　　　　　　　=341.897　(元/t)

(7)影响材料预算价格变动的因素

①市场供需变化。材料原价是材料预算原价价格中最基本的组成。市场供大于求价格就会下降;反之,价格就会上升。从而也就会影响材料预算价格的涨落。

②材料生产成本的变动直接影响材料预算价格的波动。

③流通环节的多少和材料供应体制也会影响材料预算价格。

④运输距离和运输方法的改变会影响材料运输费用的增减,从而也会影响材料预算价格。

⑤国际市场行情会对进口材料价格产生影响。

2.3.3　机械台班单价的确定

2.3.3.1　施工机械台班单价的概念及组成内容

施工机械台班单价是指一台施工机械在正常运转条件下一个工作班中所发生的全部费用。

施工机械台班单价按照有关规定由七项费用组成,这些费用按其性质分类,划分为第一类费用、第二类费用和其他费用三类。

1.第一类费用

第一类费用又称固定费用或不变费用。这类费用不因施工地点、条件的不同而发生大的变化。内容包括:折旧费、大修理费、经常修理费、安拆费及场外运输费。

2.第二类费用

第二类费用又称变动费用或可变费用。这类费用常因施工地点和条件的不同而有较大的变化。内容包括:机上人员工资、燃料动力费。

3.其他费用

其他费用指上述两类以外的其他费用。内容包括:车船使用税、养路费、牌照费、保险费及年检费等。

2.3.3.2 施工机械台班单价的确定

1.折旧费

折旧费是指施工机械在规定使用期限内,每一台班所摊的机械原值及支付货款利息的费用。其计算如下:

$$台班折旧费 = \frac{施工机械预算价格×(1-残值率)×贷款利息系数}{耐用总台班}$$

式中,施工机械预算价格=原价×(1+购置附加费率)+手续费+运杂费

$$残值率 = \frac{施工机械残值}{施工机械预算价格}×100\% \quad (一般为固定资产原值的3\%～5\%)$$

$$\begin{matrix}耐用总\\台\ \ 班\end{matrix} = \begin{matrix}修理间隔\\台\ \ 班\end{matrix}×修理周期(即施工机械从开始投入使用到报废前所使用的总台班数)$$

2.大修理费

大修理费是指施工机械按规定修理间隔台班必须进行的大修,以恢复其正常使用功能所需的费用。

$$台班修理费 = \frac{一次大修理费(修理周期-1)}{耐用总台班}$$

3.经常修理费

经常修理费是指施工机械除大修理以外的各级保养及临时故障排除所需的费用,为保障施工机械正常运转所需的替换设备,随机使用的工具,附加的摊销和维护费用;机械运转与日常保养所需的润滑、擦拭材料费用和机械停置期间的正常维护保养费用等,一般可用下式计算:

$$施工机械台班经常修理费=台班修理费×K$$

式中,K值为施工机械台班经常系数,它等于施工机械台班经常维修费与台班修理费的比值。如载重汽车K值6t以内为5.61,6t以上为3.93;自卸汽车K值6t以内为4.44,6t以上为3.34;塔式起重机K值为3.94等。

4.安拆费及场外运输费

安拆费是指施工机械在施工现场进行安装、拆卸所需的人工、材料、机械费、运转费以及安装所需的辅助设施费用。

场外运输费指施工机械整体或分件从停放场地运至施工现场或由一个工地运至另一个工地,运距在25km以内的机械进出场运输及转移费用,包括施工机械的装卸、运输、辅助材料及架线等费用。

2.3.3.3 第二类费用及其他费用的确定

1.机上人员工资

机上人员工资是指机上操作人员及随机人员的工资及津贴等。

2.燃料动力费

燃料动力费是指施工机械在运转作业中所耗用的电力、固体燃料、液体燃料、水和风力等资源费。

3.养路费及车船使用税

指按照国家有关规定应交纳的养路费和车船使用税,计算公式如下:

$$台班养路费 = \frac{核定吨位 \times 每月每吨养路费 \times 12个月}{年工作台班}$$

$$台班车船使用税 = \frac{每年每吨车船使用税}{年工作台班}$$

4. 保险费

按有关规定应缴纳的第三者责任险、车主保险等。

2.3.4 江西省建筑工程消耗量定额及统一基价表(2004年)

1. 人工挖土方工作内容(表 2-2)

(1)挖土、装土、修理边底。

(2)挖淤泥、流沙,装淤泥、流沙,修理边底。

(3)平整场地,标高在正负 30cm 以内的挖土找平。

表 2-2 平整场地、人工挖土方

单位:100m³

定额编号			A1-1	A1-5	A1-6	A1-7	A1-8	A1-9	A1-10
项目			平整场地 100m²	人工挖土方三类土深度			人工挖土方四类土深度		
				2m 内	4m 内	6m 内	2m 内	4m 内	6m 内
基价(元)			238.53	1025.07	1401.54	1669.44	1555.23	1931.70	2199.60
其中	人工费(元)		238.53	1025.07	1401.54	1669.44	1555.23	1931.70	2199.60
	材料费(元)		—	—	—	—	—	—	—
	机械费(元)		—	—	—	—	—	—	—
名称	单位	单价(元)				数　量			
人工 综合工日	工日	23.50	10.15	43.62	59.64	71.04	66.18	82.20	93.60

2. 人工挖沟槽工作内容(表 2-3)

人工挖沟槽土方,将土置于槽边 1m 以外自然堆放,修理边底。

表 2-3 人工挖沟槽

单位:100m³

定额编号			A1-15	A1-16	A1-17	A1-18	A1-19	A1-20	A1-21	A1-22	A1-23
项目			一、二类土深度			三类土深度			四类土深度		
基价(元)			835.19	1157.38	1429.51	1469.22	1723.49	1987.87	2236.03	2381.02	2624.48
其中	人工费(元)		835.19	1157.38	1429.51	1469.22	1723.49	1987.87	2236.03	2381.02	2624.48
	材料费(元)										
	机械费(元)										
名称	单位	单价(元)					数　量				
人工 综合工日	工日	23.50	35.54	49.25	60.83	62.52	73.34	84.59	95.19	101.32	111.68

3. 人工挖基坑工作内容(表2-4)

人工挖基坑土方,将土置于槽边1m以外自然堆放,修理边底。

表 2-4 人工挖基坑

单位:100m³

定额编号			A1-24	A1-25	A1-26	A1-27	A1-28	A1-29	A1-30	A1-31	A1-32
项目			一、二类土深度			三类土深度			四类土深度		
基价(元)			924.49	1258.66	1529.38	1647.12	1923.48	2188.09	2519.91	2708.14	2959.36
其中	人工费(元)		924.49	1258.66	1529.38	1647.12	1923.48	2188.09	2519.91	2708.14	2959.36
	材料费(元)		—	—	—	—	—	—	—	—	—
	机械费(元)		—	—	—	—	—	—	—	—	—
名称	单位	单价(元)	数 量								
人工 综合工日	工日	23.50	39.34	53.56	65.08	70.09	81.85	93.11	107.23	115.24	125.93

4. 人工挖孔桩挖土方工作内容(表2-5)

挖土方、凿枕石、积岩地基处理,修整边、底、壁,运土、石100m以内及孔内照明,安全设施安拆等。

表 2-5 人工挖孔桩

单位:10m³

定额编号			A1-33	A1-34	A1-35	A1-36	A1-37	A1-38	A1-39
项目			桩径100cm内			桩径100cm外			
			10m内	15m内	15m外	15m内	20m内	25m内	25m外
基价(元)			729.79	912.43	1094.80	702.02	842.38	1010.75	1212.85
其中	人工费(元)		661.06	826.50	991.70	635.91	763.05	915.56	1098.63
	材料费(元)		68.73	85.93	103.10	66.11	79.33	95.19	114.22
	机械费(元)		—	—	—	—	—	—	—
名称	单位	单价(元)	数 量						
人工 综合工日	工日	23.50	28.13	35.17	42.20	27.06	32.47	38.96	46.75
材料 照明及安全费	元	1.00	68.73	85.93	103.10	66.11	79.33	95.19	114.22

5. 土方回填工作内容(表2-6)

(1)回填土5m以内取土。

(2)原土打夯包括碎土、平土、找平、洒水。

表 2-6　土方回填

单位:100m³

定额编号				A1-180	A1-181	A1-182
项目		单位	单价	回填土松填	回填土夯填	原土打夯
基价		元		250.98	832.96	63.86
其中	人工费(元)	元		250.98	642.96	50.53
	材料费(元)	元				
	机械费(元)	元			190.00	13.33
人工	综合工日	工日	23.5	10.68	27.36	2.15
机械	电动打夯机	台班	23.81		7.98	0.56

6.土方运输工作内容(表2-7)

包括装、运、卸、平整淤泥及土。

表 2-7　土方运输

单位:100m³

定额编号			A1-191	A1-192	A1-193	A1-194
项目			人工运土方		人工运淤泥	
			运距20m内	200m内每增加20m	运距20m内	200m内每增加20m
基价(元)			518.88	115.62	1034.00	155.10
其中	人工费(元)		518.88	115.62	1034.00	155.10
	材料费(元)		—	—	—	—
	机械费(元)		—	—	—	—
名称		单位	单价(元)	数　量		
人工	综合工日	工日	23.50	22.08	4.92	44.00	6.60

7.实心墙工作内容(表2-8)

调、运、铺砂浆,运砖,砌砖(包括窗台虎头砖、腰线、门窗套,安放木砖、铁件等),砌砖拱或钢筋砖过梁。

8.现浇混凝土基础工作内容(表2-9)

混凝土水平运输、搅拌、捣固、养护。

9.现浇混凝土柱工作内容(表2-10)

混凝土水平运输、搅拌、捣固、养护。

10.现浇混凝土梁工作内容(表2-11)

混凝土水平运输、搅拌、捣固、养护。

表 2-8　实心墙

单位:10m³

定额编号				A3-7	A3-8	A3-9	A3-10	A3-11	A3-12
项目				混水砖墙					
				1/4 砖	1/2 砖	3/4 砖	1 砖	1 砖半	2 砖及 2 砖以上
基价(元)				2191.24	1946.51	1926.58	1823.52	1812.95	1803.50
其中	人工费(元)			688.55	499.14	486.69	398.56	387.28	383.05
	材料费(元)			1493.38	1432.01	1423.60	1407.05	1407.05	1401.36
	机械费(元)			9.31	15.36	16.29	17.69	18.62	19.09
	名称	单位	单价(元)	数　量					
人工	综合工日	工日	23.50	29.30	21.24	20.71	16.96	16.48	16.30
材料	主体砂浆（混合砂浆 M2.5）	m³	73.64	1.18	1.95	2.04	2.16	2.30	2.35
	普通黏土砖	千块	228.00	6.158	5.641	5.51	5.40	5.35	5.309
	附加砂浆(混合砂浆 M5)	m³	84.79	—	—	0.09	0.09	0.10	0.10
	松木模板	m³	642.00	—	—	0.10	0.10	0.10	0.10
	铁钉	kg	3.80	—	—	0.22	0.22	0.22	0.22
	水	m³	2.00	1.23	1.13	1.10	1.06	1.07	1.06
机械	灰浆搅拌机 200L	台班	46.55	0.20	0.33	0.35	0.38	0.40	0.41

表 2-9　现浇混凝土基础

单位:10m³

定额编号				A4-15	A4-16	A4-17	A4-18	A4-19
项目				带形混凝土基础		独立基础		杯形基础
				毛石混凝土	混凝土	毛石混凝土	混凝土	
基价(元)				1865.23	1979.89	1872.62	2006.81	1991.20
其中	人工费(元)			211.27	241.35	218.32	267.20	250.98
	材料费(元)			1558.77	1626.15	1559.11	1627.22	1627.83
	机械费(元)			95.19	112.39	95.19	112.39	112.39
	名称	单位	单价(元)	数　量				
人工	综合工日	工日	23.50	8.99	10.27	9.29	11.37	10.68
材料	现浇混凝土 C20/40/32.5	m³	158.12	8.63	10.15	8.63	10.15	10.15
	毛石	m³	64.60	2.72	—	2.72	—	—
	草袋	m²	1.13	2.39	2.52	3.17	3.26	3.67
	水	m³	2.00	7.89	9.19	7.62	9.31	9.38
机械	机动翻斗车 1t	台班	90.81	0.66	0.78	0.66	0.78	0.78
	混凝土搅拌机 200L	台班	84.46	0.33	0.39	0.33	0.39	0.39
	混凝土振捣器(插入式)	台班	11.19	0.66	0.77	0.66	0.77	0.77

表 2-10　现浇混凝土柱

单位:10m³

定额编号			A4-29	A4-30	A4-31
项目			矩形柱	圆形、异形柱	构造柱
基价(元)			2255.99	2275.44	2356.19
其中	人工费(元)		546.38	566.35	646.96
	材料费(元)		1641.50	1640.98	1641.12
	机械费(元)		68.11	68.11	68.11
名称		单位	单价(元)	数　量	
人工	综合工日	工日	23.50	23.25	24.10	27.53
材料	现浇混凝土 C20/40/32.5	m³	158.12	9.86	9.86	9.86
	水泥砂浆(1∶2)	m³	203.66	0.31	0.31	0.31
	草袋	m²	1.13	1.00	0.86	0.84
	水	m³	2.00	9.09	8.91	8.99
机械	灰浆搅拌机 200L	台班	46.55	0.04	0.04	0.04
	混凝土搅拌机 400L	台班	84.46	0.62	0.62	0.62
	混凝土振捣器(插入式)	台班	11.19	1.24	1.24	1.24

表 2-11　现浇混凝土梁

单位:10m³

定额编号			A4-32	A4-33	A4-34	A4-35	A4-36	A4-37
项目			基础梁	单梁连续梁	异形梁	圈梁	过梁	弧形、拱形梁
基价(元)			2035.97	2090.97	2108.77	2309.78	2378.38	2313.85
其中	人工费(元)		336.76	391.75	409.84	608.65	658.94	608.65
	材料费(元)		1632.01	1632.02	1631.73	1633.93	1652.24	1638.00
	机械费(元)		67.20	67.20	67.20	67.20	67.20	67.20
名称		单位	单价(元)	数　量				
人工	综合工日	工日	23.50	14.33	16.67	17.44	25.90	28.04	25.90
材料	现浇混凝土 C20/40/32.5	m³	158.12	10.15	10.15	10.15	10.15	10.15	10.15
	草袋	m²	1.13	6.03	5.95	7.23	8.26	18.57	9.98
	水	m³	2.00	10.14	10.19	9.32	9.84	13.17	10.90
机械	混凝土搅拌机 400L	台班	84.46	0.63	0.63	0.63	0.63	0.63	0.63
	混凝土振捣器(插入式)	台班	11.19	1.25	1.25	1.25	1.25	1.25	1.25

11.现浇混凝土墙(表 2-12)

现浇混凝土水平运输、搅拌、捣固、养护。

表 2-12 现浇混凝土墙

单位:10m³

定额编号				A4-38	A4-39	A4-40	A4-41	A4-42
项目				毛石混凝土	混凝土	电梯井壁直形墙	弧形墙	短肢剪力墙
基价(元)				2063.62	2295.48	2297.30	2326.90	2370.62
其中	人工费(元)			356.50	493.74	494.21	524.76	544.50
	材料费(元)			1651.24	1735.17	1736.52	1735.57	1758.13
	机械费(元)			55.88	66.57	66.57	66.57	67.99
	名称	单位	单价(元)			数 量		
人工	综合工日	工日	23.50	15.17	21.01	21.03	22.33	23.17
材料	现浇混凝土 C20/20/32.5	m³	167.97	8.35	9.88	9.88	9.88	—
	现浇混凝土 C25/40/32.5	m³	170.04	—	—	—	—	9.87
	水泥砂浆(1:2)	m³	203.66	0.28	0.28	0.28	0.28	0.30
	毛石	m³	64.60	2.72				
	草袋	m²	1.13	0.97	0.77	1.17	0.95	0.83
	水	m³	2.00	7.43	8.87	9.32	8.97	8.90
机械	灰浆搅拌机 200L	台班	46.55	0.03	0.03	0.03	0.03	0.04
	混凝土搅拌机 400L	台班	84.46	0.51	0.61	0.61	0.61	0.62
	混凝土振捣器(插入式)	台班	11.19	1.02	1.22	1.22	1.22	1.23

12. 现浇混凝土板(表 2-13)

现浇混凝土水平运输、搅拌、捣固、养护。

表 2-13 现浇混凝土板

单位:10m³

定额编号				A4-43	A4-44	A4-45	A4-46	A4-47
项目				有梁板	无梁板	平板	拱板	双层拱形屋面板
基价(元)				2137.93	2117.07	2156.64	2293.24	2308.62
其中	人工费(元)			329.94	308.32	341.22	494.44	501.49
	材料费(元)			1739.32	1740.08	1746.75	1730.13	1738.46
	机械费(元)			68.67	68.67	68.67	68.67	68.67
	名称	单位	单价(元)			数 量		
人工	综合工日	工日	23.50	14.04	13.12	14.52	21.04	21.34
材料	现浇混凝土 C20/20/32.5	m³	167.97	10.15	10.15	10.15	10.15	10.15
	草袋	m²	1.13	9.95	10.51	14.22	4.50	9.36
	水	m³	2.00	11.59	11.65	12.89	10.07	11.49
机械	混凝土振捣器(平板式)	台班	13.35	0.63	0.63	0.63	0.63	0.63
	混凝土搅拌机 400L	台班	84.46	0.63	0.63	0.63	0.63	0.63
	混凝土振捣器(插入式)	台班	11.19	0.63	0.63	0.63	0.63	0.63

任务三　建筑工程计量与计价

3.1　建筑面积的计算

3.1.1　建筑面积的概念

建筑面积亦称建筑展开面积,是建筑物各层面积的总和。

建筑面积包括使用面积、辅助面积和结构面积三部分。

1.使用面积

使用面积是指建筑物各层平面中直接为生产或生活使用的净面积之和。例如,住宅建筑中的居室、客厅、书房、卫生间、厨房等。

2.辅助面积

辅助面积是指建筑物各层平面中为辅助生产或辅助生活所占的净面积之和。例如,住宅建筑中的楼梯、走道等。使用面积与辅助面积之和称有效面积。

3.结构面积

结构面积是指建筑物各层平面中的墙、柱等结构所占的面积之和。

3.1.2　建筑面积的作用

建筑面积是一项重要的技术经济指标。在一定时期完成建筑面积的多少反映了一个国家工农业生产发展状况、人民居住条件的好坏和文化生活福利设施发展的程度。其主要作用有以下四点:

1.重要管理指标

建筑面积是建设投资、建设项目可行性研究、建设项目勘察设计、建设项目评估、建设项目招标投标、建筑工程施工和竣工验收、建设工程造价管理、建筑工程造价控制等一系列工作的重要管理指标。

2.重要技术指标

建筑面积是计算开工面积、竣工面积、优良工程率、建筑装饰规模等的重要技术指标。

3.重要经济指标

建筑面积是计算建筑、装饰等单位工程或单项工程的单位面积工程造价、人工消耗指标、机械台班消耗指标、工程量消耗指标的重要经济指标。

各经济指标的计算公式如下:

$$每平方米工程造价 = \frac{工程造价}{建筑面积} \quad (元/m^2)$$

$$每平方米人工消耗 = \frac{单位工程用工量}{建筑面积} \quad (工日/m^2)$$

$$每平方米材料消耗 = \frac{单位工程某材料用量}{建筑面积} \quad (kg/m^2 、 m^3/m^2 \ 等)$$

$$每平方米机械台班消耗 = \frac{单位工程某机械台班用量}{建筑面积} \quad (台班/m^2 \ 等)$$

$$每平方米工程量 = \frac{单位工程某项工程量}{建筑面积} \quad (m^2/m^2 、 m/m^2 \ 等)$$

4. 重要计算依据

建筑面积是计算有关工程量的重要依据。例如,装饰用满堂脚手架工程量等。

综上所述,建筑面积是重要的技术经济指标,在全面控制建筑、装饰工程造价和建设过程中起着重要作用。

3.1.3 应计算建筑面积的范围

3.1.3.1 单层建筑物

1. 计算规定

单层建筑物的建筑面积,应按其墙勒脚以上结构外围水平面积计算,并应符合下列规定:

(1)单层建筑物高度在2.20m及其以上应计算全面积;高度不足2.20m者应计算1/2面积。

(2)利用坡屋顶内空间时,净高超过2.10m的部位应计算全面积;净高在1.20m至2.10m的部位应计算1/2面积;净高不足1.20m时不应计算面积。

2. 计算规定解读

(1)单层建筑物可以是民用建筑、公共建筑,也可以是工业厂房。

(2)"应按其外墙勒脚以上结构外围水平面积计算"的规定,主要强调,勒脚是墙根部很矮的一部分墙体加厚,不能代表整个外墙结构,因此要扣除勒脚墙体加厚部分。另外还强调,建筑面积只包括外墙结构面积,不包括外墙抹灰厚度、装饰材料厚度所占的面积。如图3-1所示,其建筑面积为(外墙外边尺寸,不含勒脚厚度):

$$S = a \times b$$

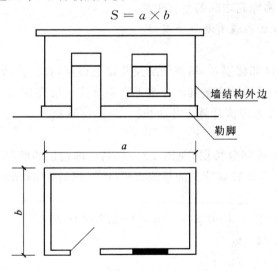

图3-1 建筑面积计算示意图(一)

(3)利用坡屋顶空间时计算建筑面积的部位举例如下,见图3-2。

①应计算1/2面积(A轴~B轴):

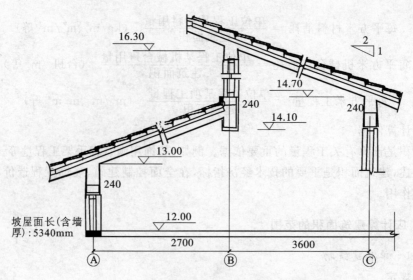

图 3-2 利用坡屋顶空间时,计算建筑面积示意图

符合 1.2m 高的建筑平面宽度＝2.70－0.40 （m）

坡屋面长＝5.34m

$S_1＝(2.70－0.40)×5.34×0.50$

$＝6.15$ （m²）

②应计算全部面积（B 轴～C 轴）:

$S_2＝3.60×5.34＝19.22$ （m²）

小计:$S_1＋S_2＝6.15＋19.22＝25.37$ （m²）

(4)单层建筑物应按不同的高度确定面积的计算。其高度指室内地面标高至屋面板板面结构标高之间的垂直距离。遇有以屋面板找坡的平屋顶单层建筑物,其高度指室内地面标高至屋面板最低处板面结构标高之间的垂直距离。

3.1.3.2 单层建筑物内设有局部楼层

1.计算规定

单层建筑物内设有局部楼层者,局部楼层及其以上楼层,有围护结构的应按其围护结构外围水平面积计算,无围护结构的应按其底板水平面积计算。层高在 2.20m 及其以上者应计算全面积,层高不足 2.20m 者应该计算 1/2 面积。

2.计算规定解读

(1)单层建筑物内设有部分楼层,见图 3-3。这时,局部楼层的墙厚应包括在楼层面积内。

【例 3-1】 根据图 3-3 计算该建筑的建筑面积(墙厚均匀为 240mm)。

【解】

底层建筑面积＝(6.0＋4.0＋0.24)×(3.30＋2.70＋0.24)

　　　　　＝10.24×6.24

　　　　　＝63.90 （m²）

楼阁层建筑面积＝(4.0＋0.24)×(3.30＋0.24)

　　　　　　＝4.24×3.54

　　　　　　＝15.01 （m²）

全部建筑面积＝69.30＋15.01

　　　　　　　＝78.91　（m²）

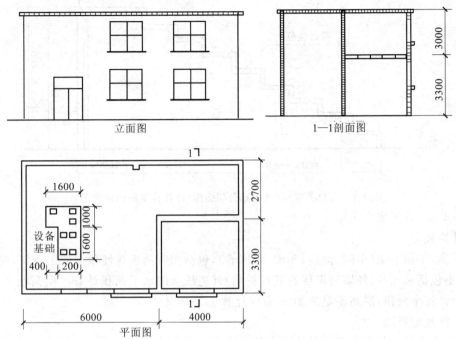

图 3-3　建筑面积计算示意图(二)

(2)规定没有说不算建筑面积的部位,我们可以理解为局部楼层层高一般不会低于1.20m。

3.1.3.3　多层建筑物

1.计算规定

(1)多层建筑物首层应该按其外墙勒脚以上结构外围水平面积计算;二层及以上楼层应按其外墙结构外围水平面积计算。层高在2.20m及以上者应计算全面积,层高不足2.20m者应该计算1/2面积。

(2)多层建筑坡屋顶内和球馆看台下,当设计加以利用时,净高在超过2.10m的部位应计算全面积;净高在1.20m至2.10m的部位应计算1/2面积;净高不足1.20m时不应计算面积。

2.计算规定解读

(1)其规定明确了外墙上的抹灰厚度或装饰材料厚度不能计入建筑面积。

(2)"二层及以上楼层"是指有可能各层的平面布置不同、面积也不同,因此要分层计算。

(3)多层建筑物的建筑面积应按不同的层高分别计算。层高是指上下两层楼面结构标高之间的垂直距离。建筑物最底层的层高指当有基础底板时按基础底板上表面结构标高至上层楼面的结构标高之间的垂直距离确定;当没有基础底板时按地面标高至上层楼面结构标高之间的垂直距离确定。最上一层的层高是指楼面结构标高至屋面板板面结构标高之间的垂直距离;若遇到以屋面板找坡的屋面,层高指楼面结构标高至屋面板最低处板面结构标高之间的垂直距离。

(4)多层建筑坡屋顶内和球馆看台的空间应视为坡屋顶内的空间,设计加以利用时,应按其净高确定其面积的计算;设计不利用的空间,不应计算建筑面积,其示意图见图3-4。

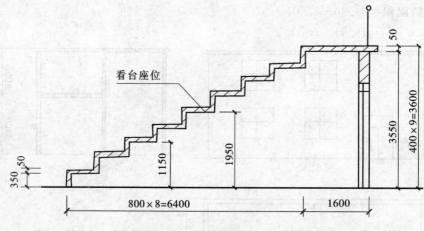

图 3-4　看台下空间（场馆看台剖面图）计算建筑面积示意图

3.1.3.4　地下室

1.计算规定

地下室、半地下室(车间、商店、车库、仓库等)，包括相应的永久性顶盖的出入口，应按其外墙上口(不包括采光井、外墙防潮层及其保护墙)外边线所围水平面积计算。层高在 2.20m 及以上者应计算全面积；层高不足 2.20m 者应计算 1/2 面积。

2.计算规定解读

(1)地下室采光井是为了满足地下室的采光和通风要求设置的。一般在地下室围护墙上口开设一个矩形或其他形状的竖井，井的上口一般设有铁栅，井的一个侧面安装采光和通风用的窗子，见图 3-5。

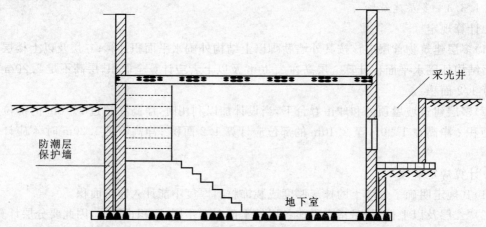

图 3-5　地下室建筑面积计算示意图

(2)地下室、半地下室应以其外墙上口外边线所围水平面积计算。以前的计算规则规定：按地下室、半地下室上口外墙外围水平面积计算，文字上不甚严密，"上口外墙"容易被理解成为地下室、半地下室的上一层建筑外墙。因为通常情况下，上一层外墙建筑与地下室墙的中心线不一定完全重叠，多数情况是凹进或凸出地下室外墙中心线。

3.1.3.5 建筑物吊脚架空层、深基础架空层

1.计算规定

坡地的建筑物吊脚架空层、深基础架空层,设计加以利用并有围护结构的,层高在2.20m及以上的部位应计算全面积,层高不足2.20m者应计算1/2面积;设计加以利用的无围护结构的建筑物吊脚架空层,应按其利用部位水平面积的1/2计算;设计不利用的深基础架空层、坡地吊脚架空层不应计算面积。

2.计算规定解读

(1)建于坡地的建筑物吊脚架空层示意见图3-6。

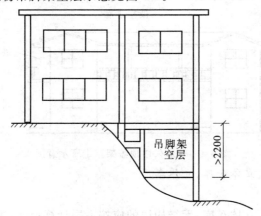

图3-6 坡地建筑物吊脚架空层示意

(2)层高在2.20m及以上的吊脚架空层可以设计用来作为一个房间使用。

(3)深基础架空层在2.20m及以上层高时,可以设计用来作为安装设备或做储藏间使用。

3.1.3.6 建筑物内门厅、大厅

1.计算规定

建筑物的门厅、大厅按一层计算建筑面积。门厅、大厅内设有回廊时,应按其结构底板水平面积计算。层高在2.20m及以上者应计算全面积,层高不足2.20m者应计算1/2面积。

2.计算规定解读

(1)"门厅、大厅内设有回廊"是指建筑物的门厅、大厅的上部(一般该大厅、门厅占两个或两个以上建筑物层高)四周向大厅、门厅、中间挑出的走廊称回廊,如图3-7。

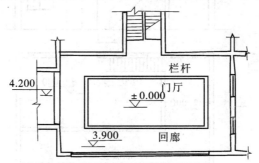

图3-7 大厅、门厅内设有回廊示意图

(2)宾馆、大会堂、教学楼等大楼内的门厅或大厅,往往要占建筑物的二层或二层以上的层高,这时也只能计算一层面积。

(3)"层高不足2.20m者应计算1/2面积"应该指回廊层高可能出现的情况。

3.1.3.7 架空走廊

1.计算规定

建筑物间有围护结构的架空走廊,应按其围护结构外围水平面积计算。层高在2.20m及以上者应计算全面积,层高不足2.20m者应计算1/2面积。有永久性顶盖无围护结构的应按其结构底板水平面积的1/2计算。

2.计算规定解读

架空走廊是指建筑物与建筑物之间,在二层或二层以上专门为水平交通设置的走廊,见图3-8。

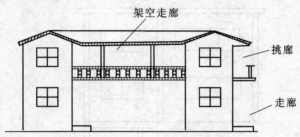

图3-8 有永久性顶盖架空走廊示意图

3.1.3.8 立体书库、立体仓库、立体车库

1.计算规定

立体书库、立体仓库、立体车库,无结构层的应按一层计算;有结构层的应按其结构层面积分别计算。层高在2.20m及以上者应计算全面积,层高不足2.20m者应计算1/2面积。

2.计算规定解读

(1)计算规定对以前的计算规则进行了修订,增加了立体车库的面积计算。立体车库、立体仓库、立体书库未规定是否有围护结构,均按是否有结构层计算,应区分不同的层高确定建筑面积计算的范围。改变了以前按书架层和货架层计算面积的规定。

(2)立体书库建筑面积计算(按图3-9计算)如下:

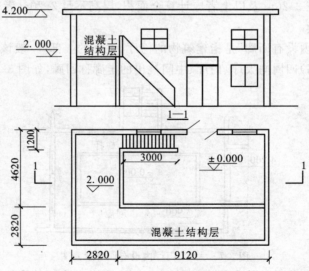

图3-9 立体书库建筑面积计算示意图

底层建筑面积＝(2.82＋4.62)×(2.82＋9.12)＋3.0×1.20

$\qquad$＝7.44×11.94＋3.60

$\qquad$＝92.43 （m²）

结构层建筑面积＝(4.62＋2.82＋9.12)×2.82×0.50 （层高2m）

$\qquad$＝16.56×2.82×0.50

$\qquad$＝23.35 （m²）

3.1.3.9 舞台灯光控制室

1.计算规定

有围护结构的舞台灯光控制室,应按其围护结构外围水平面积计算。层高在2.20m及以上者应计算全面积,层高不足2.20m者应计算1/2面积。

2.计算规定解读

如果舞台灯光控制室有围护结构且只有一层,那么就不能另外计算面积。因为整个舞台的面积计算已经包括了该灯光控制室的面积。

3.1.3.10 落地橱窗、门斗、挑廊、走廊、檐廊

1.计算规定

建筑物外有围护结构的落地橱窗、门斗、挑廊、走廊、檐廊,应按其围护结构外围水平面积计算。层高在2.20m及以上者应计算全面积,层高不足2.20m者应计算1/2面积。

有永久性顶盖无围护结构的应按其结构底板水平面积的1/2计算。

2.计算规定解读

(1)落地橱窗是指突出外墙面、根基落地的橱窗。

(2)门斗是指在建筑物出入口设置的起分隔、挡风、御寒等作用的建筑过渡空间。保温门斗一般有围护结构,见图3-10。

(3)挑廊是指挑出建筑物外墙的水平交通空间,见图3-11;走廊是指建筑物底层的水平交通空间,见图3-12;檐廊是指设置在建筑物底层檐下的水平交通空间,见图3-12。

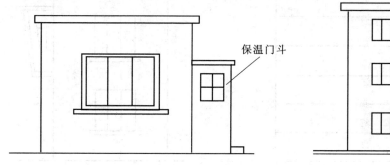

图3-10 有围护结构门斗示意图

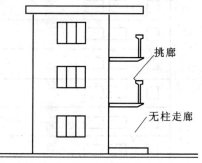

图3-11 挑廊、无柱走廊示意图

3.1.3.11 球馆看台

1.计算规定

有永久性顶盖无围护结构的球馆看台,应按其顶盖水平投影面积的1/2计算。

2.计算规定解读

这里所称的"球馆"实际上是指"球场"(如:足球场、网球场等)看台上有永久性顶盖部分。"馆"是有永久性顶盖和围护结构的,应按单层或多层建筑相关规定计算面积。

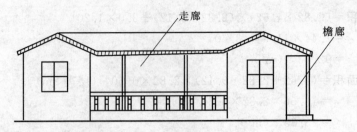

图 3-12　走廊、檐廊示意图

3.1.3.12　建筑物顶部楼梯间、水箱间、电梯机房

1.计算规定

建筑物顶部有围护结构的楼梯间、水箱间、电梯机房等,层高在 2.20m 及以上者应计算全面积,层高不足 2.20m 者应计算 1/2 面积。

2.计算规定解读

(1)如遇建筑物屋顶的楼梯间是坡屋顶时,应按坡屋顶的相关规定计算面积。

(2)单独放在建筑物屋顶上的混凝土水箱或钢板水箱,不计算面积。

(3)建筑物屋顶水箱间、电梯机房见图 3-13。

3.1.3.13　不垂直于水平面而超出底板外沿的建筑物

1.计算规定

设有围护结构不垂直于水平面而超出底板外沿的建筑物,应按其底板面的外围水平面积计算。层高在 2.20m 及以上者应计算全面积,层高不足 2.20m 者应计算 1/2 面积。

2.计算规定解读

设有围护结构不垂直于水平面而超出底板外沿的建筑物是指向建筑物外倾斜的墙体(图3-14)。若遇有向建筑物内倾斜的墙体,应视为坡屋面,应按坡屋顶的有关规定计算面积。

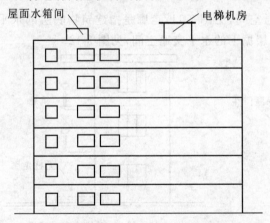

图 3-13　屋面水箱间、电梯机房示意图

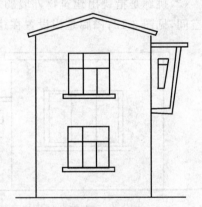

图 3-14　不垂直于水平面、超出底板
外沿的建筑物

3.1.3.14　室内楼梯间、电梯井、垃圾道等

1.计算规定

建筑物内的室内楼梯间、电梯井、观光电梯井、提物井、管道井、通风排气竖井、垃圾道、附墙烟囱应按建筑物的自然层计算面积。

2.计算规定解读

(1)室内楼梯间的面积计算,应按楼梯依附建筑物的自然层计算,合并在建筑物面积内。若遇跃层建筑,其共用的室内楼梯应按自然层计算面积;上下两错层户室共用的室内楼梯,应选上一层的自然层计算面积,见图3-15。

(2)电梯井是指安装电梯用的垂直通道,见图 3-16。

(3)提物井是指图书馆提升书籍、酒店提升食物的垂直通道。

(4)垃圾道是指写字楼等大楼内每层设垃圾倾倒口的垂直通道。

(5)管道井是指宾馆或写字楼内集中安装给排水、采暖、消防、电线管道用的垂直通道。

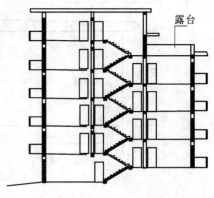

图 3-15　户室错层剖面示意图

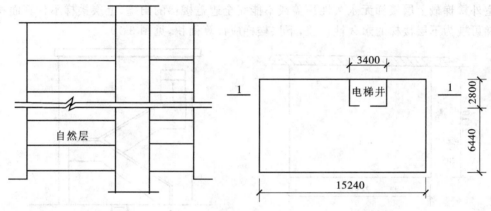

图 3-16　电梯井示意图

【例3-2】 某建筑物共12层,电梯井尺寸(含壁厚)如图3-16,求电梯井面积。

【解】

$S = 2.80 \times 3.40 \times 12$

$= 114.24$ （m²)

3.1.3.15　雨篷

1.计算规定

雨篷结构的外边线至外墙结构外边线的宽度超过2.10m者,应按雨篷结构板的水平投影面积的1/2计算建筑面积。

2.计算规定解读

(1)雨篷均以其宽度超过2.10m或不超过2.10m划分。超过者按雨篷结构板水平投影面积的1/2计算,不超过者不计算。上述规定不管雨篷是否有柱,计算应一致。

(2)有柱的雨篷、无柱的雨篷、独立柱的雨篷见图3-17、图3-18。

3.1.3.16　室外楼梯

1.计算规定

有永久性顶盖的室外楼梯,应按建筑自然层的水平投影面积的1/2计算建筑面积。

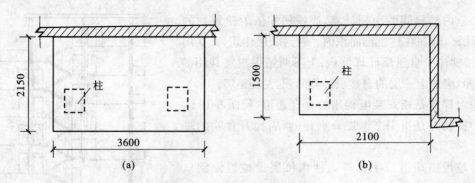

图 3-17　有柱雨篷示意图
(a)计算 1/2 面积；(b)不计算面积

2.计算规定解读

室外楼梯最上层楼梯无永久性顶盖或不能完全遮盖楼梯的雨篷,上层楼梯不计算面积;上层楼梯可视为下层楼梯的永久性顶盖,下层楼梯应计算面积,见图 3-19。

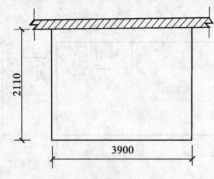

图 3-18　无柱雨篷平面图(计算 1/2)

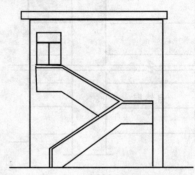

图 3-19　室外楼梯示意图

3.1.3.17　阳台

1.计算规定

建筑物的阳台均应按其水平投影面积的 1/2 计算建筑面积。

2.计算规定解读

(1)建筑物的阳台,无论是凹阳台、挑阳台还是封闭阳台均按其水平投影面积的 1/2 计算建筑面积。

(2)挑阳台、凹阳台示意图见图 3-20、图 3-21。

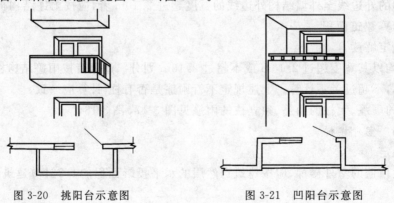

图 3-20　挑阳台示意图　　　　图 3-21　凹阳台示意图

3.1.3.18 车棚、货棚、站台、加油站、收费站等

1.计算规定

有永久性顶盖无围护结构的车棚、货棚、站台、加油站、收费站等,应按其顶盖水平投影面积的1/2计算建筑面积。

2.计算规定解读

(1)车棚、货棚、站台、加油站、收费站等面积的计算,由于建筑技术的发展,出现许多新型结构,如柱不再是单纯的直立柱,而出现正V形、倒V形等不同类型的柱,给面积计算带来许多争议。为此,我们不以柱来确定面积,而依据顶盖的水平投影面积计算面积。

(2)在车棚、货棚、站台、加油站、收费站内设有带围护结构的管理房间、休息室等,应另按有关规定计算面积。

(3)站台示意图,见图 3-22。

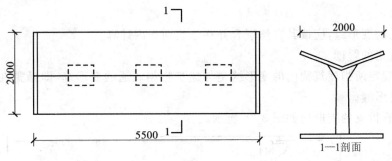

图 3-22 单排柱站台示意图

其面积为:

$$S=2.0\times5.50\times0.5=5.50 \quad (\text{m}^2)$$

3.1.3.19 高低联跨建筑物

1.计算规定

高低联跨的建筑物,应以高跨结构外边线为界,分别计算建筑面积;其高低跨内部联通时,其变形缝应计算在低跨面积内。

2.计算规定解读

(1)高低联跨建筑物示意图见图3-23。

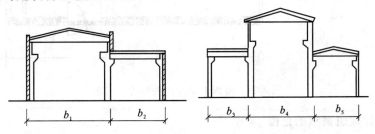

图 3-23 高低跨单层建筑物建筑面积计算示意图

(2)建筑面积计算示例。

【例3-3】 如图3-23所示,当建筑物长为 L 时,计算建筑面积。

【解】

$$S_{\text{高}_1}=b_1\times L$$

$$S_{\text{高}_2} = b_4 \times L$$
$$S_{\text{低}_1} = b_2 \times L$$
$$S_{\text{低}_2} = (b_3 + b_5) \times L$$

3.1.3.20　以幕墙作为围护结构的建筑物

1.计算规定

以幕墙作为围护结构的建筑物,应按幕墙外边线计算建筑面积。

2.计算规定解读

围护性幕墙是指直接作为外墙起围护作用的幕墙。

3.1.3.21　建筑物外墙外侧有保温隔热层

建筑物外墙外侧有保温隔热层的,应按保温隔热层的外边线计算建筑面积。

3.1.3.22　建筑物内的变形缝

1.计算规定

建筑物内的变形缝,应按其自然层合并在建筑面积内计算。

2.计算规定的解读

(1)本条规定所指建筑物内的变形缝是与建筑物相联通的变形缝,即暴露在建筑物内,可以看得见的变形缝。

(2)室内看得见的变形缝如图 3-24 所示。

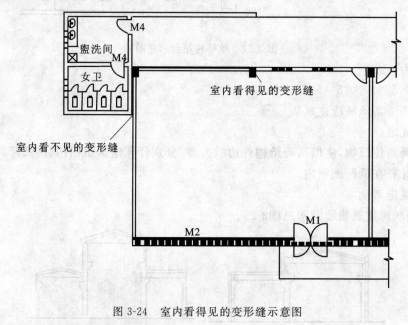

图 3-24　室内看得见的变形缝示意图

3.1.4　不计建筑面积的范围

3.1.4.1　建筑物通道

1.计算规定

建筑物的通道(骑楼、过街楼的底层)不应计算建筑面积。

2.计算规定解读

(1)骑楼是指楼层部分跨在人行道上的临街楼房,见图 3-25。

(2)过街楼是指有道路穿过建筑空间的楼房，见图 3-26。

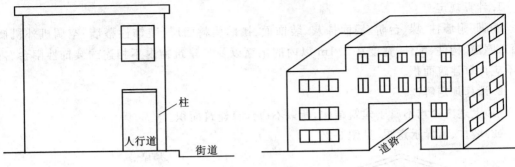

图 3-25 骑楼示意图   图 3-26 过街楼示意图

3.1.4.2 设备管道层

1. 计算规定

建筑物内的设备管道层不应计算建筑面积。

2. 计算规定解读

高层建筑的宾馆、写字楼等，通常在建筑物高度的中间部分设置管道及设备层，主要用于集中放置水、暖、电、通风管道及设备。这一设备管道层不应计算建筑面积，如图 3-27 所示。

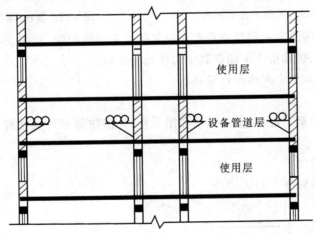

图 3-27 设备管道层示意图

3.1.4.3 建筑物内单层房间、舞台及天桥等

建筑物内分隔的单层房间、舞台及后台悬挂幕布、布景的天桥、挑台等不应计算建筑面积。

3.1.4.4 屋顶花架、露天游泳池等

屋顶水箱、花架、凉棚、露台、露天游泳池等不应计算建筑面积。

3.1.4.5 操作平台、上料平台等

1. 计算规定

建筑物内的操作平台、上料平台、安装箱和罐体的平台不应计算建筑面积。

2. 计算规定解读

建筑物外的操作平台、上料平台等应该按有关规定确定是否应计算建筑面积。操作平台示意图见图 3-28。

3.1.4.6 勒脚、附墙柱、垛等

1.计算规定

勒脚、附墙柱、垛、台阶、墙面抹灰、装饰面、镶贴块料面层、装饰性幕墙、空调机外机搁板（箱）、飘窗、构件、配件、宽度在2.1m以内的雨篷以及与建筑物内不相连的装饰性阳台、挑廊等不应计算建筑面积。

2.计算规定解读

(1)上述内容均不属于建筑结构，所以不应计算建筑面积。

(2)墙柱、墙垛示意图，见图3-29。

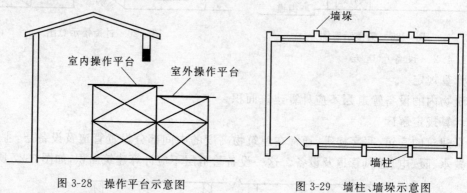

图 3-28　操作平台示意图　　　　　图 3-29　墙柱、墙垛示意图

(3)飘窗是指为房间采光和美化造型而设置的突出墙外的窗，如图3-30所示。

(4)装饰性阳台、挑廊指人不能在其中间活动的空间。

3.1.4.7 无顶盖架空走廊和检修梯等

1.计算规定

无永久性顶盖的架空走廊、室外楼梯和用于检修、消防等室外钢楼梯、爬梯不应计算建筑面积。

2.计算规定解读

室外检修钢爬梯见图3-31。

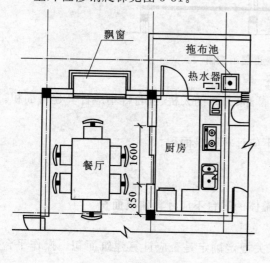

图 3-30　飘窗示意图

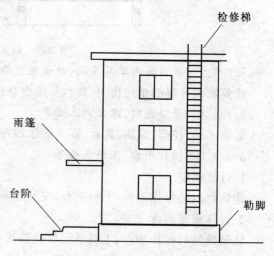

图 3-31　室外检修钢爬梯示意图

3.1.4.8 自动扶梯等

1.计算规定

自动扶梯、自动人行道不应计算建筑面积。

2.计算规定解读

自动扶梯(斜步道滚梯)除两端固定在楼层板或梁上面之外,扶梯本身属于设备,为此,扶梯不应计算建筑面积。

自动人行道(水平步道滚梯)属于安装在楼板上的设备,不应单独计算建筑面积。

3.2 土(石)方工程

3.2.1 土(石)方工程项目划分及工作内容

1.土(石)方工程项目划分图(图 3-32)

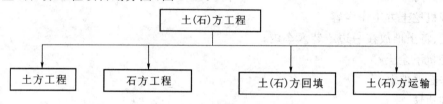

图 3-32 土(石)方工程项目划分图

2.工程项目及工作内容

(1)土方工程项目及工作内容

①人工土方

☆平整场地,人工挖土方、淤泥、流沙工作内容

a.挖土、装土、修理边底;

b.挖淤泥、流沙,装淤泥、流沙,修理边底;

c.平整场地,标高在±30cm 以内的挖土找平。

☆山坡切土工作内容

挖土、装土、修理底边。

☆人工挖沟槽工作内容

人工挖沟槽土方,将土置于槽边 1m 以外自然堆放,修理边底。

☆人工挖基坑工作内容

人工挖基坑土方、将土置于坑边 1m 以外自然堆放,修理边底。

☆人工挖孔桩挖土方工作内容

挖土方、凿枕石、积岩地基处理,修整边、底、壁,运土、石 100m 以内及孔内照明,安全设施安拆等。

☆沉管灌注混凝土桩空孔土方工作内容

打(振)钢管成孔。

☆回旋钻孔灌注桩空孔土方工作内容

钻孔等。

☆修凿混凝土桩头工作内容

凿除混凝土、露出钢筋(不包括弯曲钢筋),清除石渣运出坑1.5m以外。

☆支挡土板工作内容

包括制作、运输、安装及拆除。

②机械土方

☆推土机推土方工作内容

a.推土机推土、弃土、平整;

b.修理边坡;

c.工作面内排水。

☆铲运机铲运土方工作内容

a.铲土、运土、卸土及平整;

b.修理边坡;

c.工作面内排水。

☆挖掘机挖土方工作内容

a.挖土、将土堆放在一边或装入车内;

b.清理机下余土;

c.工作面内排水;

d.修理边坡。

☆场地平整工作内容

a.推平;

b.工作面内排水。

(2)石方工程项目及工作内容

①人工石方

☆人工凿石工作内容

a.平基:开凿石方、打碎、修边检底;

b.沟槽:打单面槽子、碎石、槽壁打直、底检平、石方运出槽边1m以外;

c.基坑:打两面槽子、碎石、坑壁打直、底检平、将石方运出坑边1m以外;

d.槽(坑)整平:在石方爆破的基底上进行平整,清除石渣。

☆人工打眼爆破石方工作内容

布孔、打眼、准备炸药及装药、准备及添充填塞物、安爆破线、封锁爆破区、爆破前后的检查、爆破、清理岩石、撬开及破碎不规则的大石块、修理工具。

②机械石方

☆机械打眼爆破石方工作内容有:

布孔、打眼、准备炸药及装药、准备及添充填塞物、安爆破线、封锁爆破区、爆破前后的检查、爆破、清理岩石、撬开及破碎不规则的大石块、修理工具。

(3)土(石)方回填项目及工作内容

①土(石)方回填

☆回填、打夯:回填土5m以内取土;原土打夯包括碎土、平土、找平、洒水。

②机械碾压

☆原土碾压:推平、碾压;工作面内排水。

☆填土碾压:推平、碾压;工作面内排水。

(4)土(石)方运输项目及工作内容

①人工运土(石)方

☆土方运输:包括装、运、卸土、淤泥及平整。

☆石方运输:装、运、卸石方。

②机械运土(石)方

☆装载机装运土方:装土、运土、卸土;修理边坡;清理机下余土。

☆自卸汽车运土方:运土、卸土、平整;场内汽车行驶道路的养护。

☆推土机推渣子:推渣、弃渣、平整;集渣、平渣;工作面内道路养护及排水。

☆挖掘机挖渣、自卸汽车运渣:挖渣、集渣、装渣、卸渣;工作面内的排水及场内汽车行驶道路的养护。

3.2.2　定额说明

1.人工土(石)方

(1)土壤分类详见表3-1。表列Ⅰ、Ⅱ类为定额中一、二类土壤(普通土);Ⅲ类为定额中三类土壤(坚土);Ⅳ类为定额中四类土壤(沙砾坚土)。人工挖沟槽、基坑定额深度最深为6m,超过6m时,可另作补充基价表。

(2)土壤及岩石分类详见表3-1。

表3-1　土壤及岩石(普氏)分类

定额分类	普氏分类	土壤及岩石名称	天然湿度下平均容量(kg/m³)	极限压碎强度(kg/m³)	用轻钻孔机钻进1m的时间(min)	开挖方法及工具	紧固系数 f
一、二类土壤	Ⅰ	砂 砂壤土 腐殖土 泥炭	1500 1600 1200 600			用尖锹开挖	0.5～0.6
一、二类土壤	Ⅱ	轻壤土和黄土类土 潮湿而松散的黄土,软的盐渍土和碱土 平均粒径15mm以内的松散而软的砾石 含有草根的密实腐殖土 含有直径在30mm以内根类的泥炭和腐殖土 掺有卵石、碎石、石屑的砂和腐殖土 含有卵石或碎石杂质的胶结成块的填土 含有卵石、碎石和建筑碎料杂质的砂壤土	1600 1600 1700 1400 1100 1650 1750 1900			用锹开挖并少数用镐开挖	0.6～0.8

定额分类	普氏分类	土壤及岩石名称	天然湿度下平均容量(kg/m³)	极限压碎强度(kg/m³)	用轻钻孔机钻进1m 的时间(min)	开挖方法及工具	紧固系数 f
三类土壤	Ⅲ	肥黏土其中包括石炭纪、侏罗纪的黏土和冰黏土	1800			用锹并同时用镐开挖(30%)	0.9～1.0
		重壤土、粗砾石、粒径为 15～40mm 的碎石和卵石	1750				
		干黄土和掺有碎石或卵石的自然含水量黄土	1790				
		含有直径大于 30mm 根类的腐殖土或泥炭	1400				
		掺有碎石或卵石和建筑碎料杂质的土壤	1900				
四类土壤	Ⅳ	含碎石的重黏土,其中包括侏罗纪和石炭纪的硬黏土	1950			用锹并同时用镐和撬棍开挖(30%)	1.0～1.5
		含有碎石、卵石、建筑碎料和重达 25kg 的顽石(总体积 10%以内)等杂质的肥黏土和重土壤	1950				
		冰碛黏土,含有重量在 50kg 以内的巨砾,其含量在总体积 10%以内	2000				
		泥板岩	2000				
		不含或含有重量达 10kg 的顽石	1950				
松石	Ⅴ	含有重量在 50kg 以内的巨砾(占体积 10%以上)的冰碛石	2100	小于 200	小于 3.2	部分用手凿工具,部分用爆破来开挖	1.5～2.0
		硅藻岩和软白垩石	1800				
		胶结力弱的砾岩	1900				
		各种不坚实的片岩	2600				
		石膏	2200				

定额分类	普氏分类	土壤及岩石名称	天然湿度下平均容量（kg/m³）	极限压碎强度（kg/m³）	用轻钻孔机钻进1m的时间（min）	开挖方法及工具	紧固系数 f
次坚石	VI	凝灰岩和浮石 松软多孔和裂隙严重的石灰岩和介质石灰岩 中等硬度的片岩 中等硬度的泥灰岩	1100 1200 2700 2300	200～400	3.5	用风镐和爆破法来开挖	2～4
	VII	石灰石胶结的带有卵石和沉积岩的砾石 风化的和有大裂缝的黏土质砂岩 坚实的泥板岩 坚实的泥灰岩	2200 2000 2800 2500	400～600	6.0	用爆破法开挖	4～6
	VIII	砾质花岗岩 泥灰质石灰岩 黏土质砂岩 砂质云母岩 硬石膏	2300 2300 2200 2300 2900	600～800	8.5	用爆破法开挖	6～8
普坚石	IX	严重风化的软弱的花岗岩、片麻岩和正长岩 滑石化的蛇纹岩 致密的石灰岩 含有卵石、沉积岩的渣质胶结的砾岩 砂岩、砂质石灰质片岩 菱镁矿	2500 2400 2500 2500 2500 3000	800～1000	11.5	用爆破法开挖	8～10
	X	白云石 坚固的石灰岩 大理石 石灰质胶结的致密砾石 坚固砂质片岩	2700 2700 2700 2600 2600	1000～1200	15.0	用爆破法开挖	10～12
特坚石	XI	粗花岗岩 非常坚硬的白云岩 蛇纹岩 石灰胶结的含有火成岩卵石的砾石 石英胶结的坚固砂岩 粗粒正长岩	2800 2900 2600 2800 2700 2700	1200～1400	18.5	用爆破法开挖	12～14
	XII	具有风化痕迹的安山岩和玄武岩 片麻岩 非常坚固的石灰岩 硅质胶结的含有火成岩卵石的砾岩 粗石岩	2700 2600 2900 2900 2600	1400～1600	22.0	用爆破法开挖	14～16

定额分类	普氏分类	土壤及岩石名称	天然湿度下平均容量（kg/m³）	极限压碎强度（kg/m³）	用轻钻孔机钻进1m的时间（min）	开挖方法及工具	紧固系数 f
特坚石	XIII	中粒花岗岩 坚固的片麻岩 辉绿岩 玢岩 坚固的粗面岩 中粒正方岩	3100 2800 2700 2500 2800 2800	1600～1800	27.5	用爆破法开挖	16～18
	XIV	非常坚硬的细粒花岗岩 花岗岩、麻岩 闪长石 高硬度的石灰岩 坚固的玢岩	3100 2800 2700 2500 2800	1800～2000	32.5	用爆破法开挖	18～20
	XV	安山岩、玄武岩、坚固的角页岩 高强度的辉绿岩和闪长岩 坚固的辉长岩和石英岩	3100 2900 2800	2000～2500	46.0	用爆破法开挖	20～25
	XVI	拉长玄武岩和橄榄玄武岩 特别坚固的辉长岩、辉绿岩、石英石和玢岩	3300 3000	大于2500	大于60	用爆破法开挖	大于25

（3）人工土方定额是按干土编制的，如挖湿土时，人工乘以系数 1.18。干湿土的划分应根据地质勘测资料以地下常水位为准划分，地下常水位以上为干土，以下为湿土。

（4）本定额未包括地下水位以下施工的排水费用，发生时另行计算。

（5）支挡土板定额项目分为密撑和疏撑，密撑是指满支挡土板；疏撑是指间隔支挡土板，实际间距不同时，定额不作调整。

（6）在有挡土板支撑下挖土方时，按实挖体积，人工乘系数 1.43。

（7）人工挖孔桩不分土壤类别。岩石风化程度分为强风化岩、中风化岩、微风化岩三类。强风化岩不作入岩计算，中风化岩和微风化岩作入岩计算。岩石风化程度见表 3-2 所示。

表 3-2 岩石风化程度的划分

风化程度	特 征
微风化	岩石新鲜，表面稍有风化迹象
中风化	①结构和构造层理清晰； ②岩体被节理、裂隙分割成块状（20～25cm），裂隙中填充少量风化物，锤击声脆且不易击碎； ③用镐难挖掘，手摇钻不易钻进
强风化	①结构和构造层理不甚清晰，矿物成分已显著变化； ②岩质被节理、裂隙分割成碎石状（2～20cm），碎石用手可折断； ③用镐可以挖掘，手摇钻不易钻进

（8）人工挖孔桩遇到淤泥、流沙时，可另行按实际发生计算。

（9）石方爆破定额是按炮眼法松动爆破编制的，不分明炮、闷炮，但闷炮的覆盖材料应另行计算。

(10)石方爆破定额是按电雷管导电起爆编制的,如采用火雷管爆破时,雷管应换算,数量不变。扣除定额中的胶质导线,换为导火索,导火索的长度按每个雷管2.12m计算。

(11)定额中的爆破材料是按炮孔中无地下渗水、积水编制的,炮孔中若出现地下渗水、积水时,处理渗水或积水发生的费用另行计算。定额内未计爆破时所需覆盖的安全网、草袋、架设安全屏障等设施,发生时另行计算。

2.机械土(石)方

(1)推土机推土、推石渣,铲运机铲运土,重车上坡时,如果坡度大于5%,其运距按坡度区段斜长乘以表3-3中系数计算

表3-3 坡度区段斜长系数

坡度(%)	5~10	15以内	20以内	25以内
系数	1.75	2.00	2.25	2.50

(2)汽车、人力车、重车上坡降效因素已综合在相应的运输定额项目中,不再另行计算。

(3)机械挖土方工程量按施工组织设计分别计算机械和人工挖土工程量。无施工组织设计时,可按机械挖土方90%、人工挖土方10%计算(人工挖土方部分按相应定额项目人工乘以系数2.0)。

(4)土壤含水率定额是按天然含水率为准。如含水率大于25%时,人工、机械乘以系数1.15,含水率大于40%时另行计算。

(5)推土机推土或铲运机铲土土层平均厚度小于300mm,推土机台班用量乘以系数1.25;铲运机台班用量乘以系数1.17。

(6)挖掘机在垫板上进行作业时,人工、机械乘以系数1.25,定额内不包括垫板铺设所需的工料、机械消耗。

(7)推土机、铲运机推铲未经压实的积土时,按定额项目乘以系数0.73。

(8)机械土方定额是按三类土编制,如实际土壤类别不同时,定额中机械台班量乘以表3-4中系数。

表3-4 机械台班量系数

项目	一、二类土壤	四类土壤
推土机推土方	0.84	1.18
铲运机铲运土方	0.84	1.26
自行铲运机铲运土方	0.86	1.09
挖掘机挖土方	0.84	1.14

(9)机械上下行驶坡道土方,合并在土方工程量内计算。

(10)汽车运土方运输道路是按一、二、三类道路综合确定的,已考虑了运输过程中道路清理的人工,需要铺筑材料时,另行计算。

(11)装载机装原状土,需由推土机破土时,另增加推土机推土项目。

3.2.3 土(石)方计算规则

1.计算土(石)方工程量前,应确定的资料

(1)土壤及岩石类别的划分,依工程勘测资料与《土壤及岩石分类表》对照后确定。

(2)地下水位标高及排(降)水方法。

(3)土方、沟槽、基坑挖(填)土起止标高、施工方法及运距。

(4)岩石开凿、爆破方法、石渣清运方法及运距。

(5)其他有关资料。

土方体积，均以挖掘前的天然密实体积为准计算。如遇有必须以天然密实体积折算时，可按表3-5所列数值换算。

表 3-5　土方体积换算系数

虚方体积	天然密实体积	夯实体积	松填体积
1.00	0.77	0.67	0.83
1.30	1.00	0.87	1.08
1.50	1.15	1.00	1.25
1.20	0.92	0.80	1.00

【例3-4】　已知挖天然密实 $4m^3$ 土方，求虚方体积 V。

【解】

$V = 4.0 \times 1.30$

$\quad = 5.20 \quad (m^2)$

挖土一律以设计室外地坪标高为准计算。

2.人工土(石)方

(1)计算一般规则

①人工土(石)方均按天然密实体积计算。土方体积如遇虚方体积、夯实体积和松填体积必须折算成天然密实体积时，可按表3-5折算。

②凡图示基坑底面积在 $20m^2$ 以内的为基坑；图示沟槽底宽在 3m 以内，且槽长大于槽宽三倍以上的为沟槽；图示沟槽底宽在 3m 以上，基坑底面积在 $20m^2$ 以上的为挖土方；设计室外地坪标高以上的为山坡切土。

③人工平整场地指在建筑物场地内挖(填)土厚度在±30cm 以内的就地找平。挖(填)土方厚度超过±30cm 时，另按有关规定计算。当进行场地竖向挖填土方时，不再计算平整场地的工程量。

④在同一槽、坑或沟内有干、湿土时，应分别计算工程量，但套用定额时，按槽、坑的全深计算。

(2)平整场地工程量按建筑物(或构筑物)外形长宽各加 2m 以平方米计算。

(3)沟槽长度：外墙按图示中心线长度计算，内墙按图示基础垫层底面之间净长线长度计算，突出墙面附墙烟囱、垛等挖土体积并入沟槽土方工程量内计算。

(4)挖沟槽、基坑、土方放坡系数按表 3-6 中规定计算放坡。

表 3-6　放坡系数

土壤类别	放坡起点(m)	人工挖土	机械挖土	
			在坑内作业	在坑上作业
一、二类土	1.20	1:0.50	1:0.33	1:0.75
三类土	1.50	1:0.33	1:0.25	1:0.67
四类土	2.00	1:0.25	1:0.10	1:0.33

注：①沟槽、基坑中土壤类别不同时，分别按其放坡起点、放坡系数依不同土壤厚度加权平均计算。

②计算放坡时，在交接处的重复工程量不予扣除，槽、坑作基础垫层，放坡自垫层上表面开始计算。

(5)沟槽、基坑需支挡土板时,其宽度按图示底宽单面加 100mm,双面加 200mm 计算。挡土板面积按槽、坑垂直支撑面积计算。支挡土板后,不得再计放坡。

(6)基础施工增加工作面,按表 3-7 规定计算。

表 3-7　基础施工所需增加工作面宽度

基础材料	每边各增加工作面宽度(mm)
砖基础	200
浆砌毛石、条石基础	150
混凝土基础垫层支模板	300
混凝土基础支模板	300
基础垂直面做防水层	800

(7)管道地沟按图示中心线长度计算,沟底宽度设计有规定的按设计规定计算,设计未规定的按表 3-8 宽度计算。

表 3-8　管道地沟沟底宽度

管径(mm)	铸铁管、钢管、石棉水泥管(mm)	混凝土管、钢筋混凝土管、预应力混凝土管(mm)	陶土管(mm)
50～70	600	800	700
100～200	700	900	800
250～350	800	1000	900
400～450	1000	1300	1100
500～600	1300	1500	1400
700～800	1600	1800	—
900～1000	1800	2000	—
1100～1200	2000	2300	—
1300～1400	2200	2600	—

注:①按上表计算管道地沟土方工程时,各种井类及管道(不含铸铁给排水管)接口等处需加宽增加的土方量不另行计算,底面积大于 20m² 的井类,其增加工程量并入管道地沟土方计算。

②铺设铸铁给排水管道时,其接口等处土方增加量,可按铸铁给排水管道地沟土方总量的 2.5% 计算。

(8)沟槽、管道地沟、基坑深度,按图示槽、沟、坑底面至自然地坪深度计算。

(9)人工挖孔桩土方体积,按设计图示尺寸(含护壁),从自然地面至桩底以立方米计算。

(10)沉管灌注桩、回旋钻孔灌注桩空桩部分的成孔工程量,从自然地面至设计桩顶的高度减 1m 后乘以桩截面面积以立方米计算。

(11)修凿混凝土桩头,按实际修凿体积以立方米计算。

(12)计算基础回填土体积应减去埋在室外地坪以下的基础和垫层以及直径超过 500mm 的管道等所占的体积。管径在 500mm 以下的,不扣除管道所占体积;管径超过 500mm 以上时按表 3-9 规定扣除管道所占的体积。

表 3-9　管道扣除土方体积

单位：m³/m

管道名称	管道直径(mm)					
	501～600	601～800	801～1000	1001～1200	1201～1400	1401～1600
钢管	0.21	0.44	0.71	—	—	—
铸铁管	0.24	0.49	0.77	—	—	—
混凝土管	0.33	0.60	0.92	1.15	1.35	1.55

(13)室内回填土体积＝主墙间净面积×回填土厚度。

(14)余土外运或取土内运工程量＝挖土体积－回填土体积。

运土体积计算结果为正值时为余土外运，为负值时为取土内运。

(15)沟槽、坑底夯实按实夯面积计算，套原土打夯子目。

(16)爆破岩石沟槽、基坑，深、宽允许超挖。超挖量：松石、次坚石为 200mm，普坚石、特坚石为 150mm。超挖部分岩石并入相应工程量内。

(17)基底钎探按图示基底面积以平方米计算。

3.机械土(石)方

机械土(石)方工程量计算规则，除执行人工土(石)方有关规定外，还应按下列规定计算。

(1)土(石)方运距

①推土机推土运距：按挖方区重心至回填区重心之间的直线距离计算。

②铲运机运土运距：按挖方区重心至卸土区重心加转向距离 4.5m 计算。

③自卸汽车运土运距：按挖方区重心至填土区(或堆放地点)的最短距离计算。

(2)建筑场地原土碾压以平方米计算，填土碾压按图示填土厚度以立方米计算。

4.挖地坑土方工程量计算

人工挖地坑是指坑长小于等于坑宽 3 倍，且坑底面积小于等于 20m² 时，设计室外地坪以下人工挖地坑土方。其工程量区别不同土的类别、基础类别、基底宽、挖土深度、弃土运距，按图示尺寸基础垫层底部长度乘基础垫层宽度乘基础深度，以立方米计算。其计算公式表述如下：

$$V = A \times B \times H$$

式中　A，B——基础底面垫层的长度和宽度；

　　　H——基础地坑挖土深度。

(1)挖土方

凡不满足上述基槽、地坑条件，且挖土深度 $H > 0.3$m 的土方开挖，均为挖土方。

工程量区别不同土的类别，挖土平均厚度，弃土运距，按设计图示尺寸，挖土体积和填土体积以立方米计算。

(2)冻土开挖

冻土开挖工程量应区别不同的冻土厚度、弃土运距，按设计图示尺寸开挖面积乘厚度以立方米计算；工程内容包括打眼、装药、爆破、开挖、清理、运输。

5.回填工程量计算

(1)基础(即基槽、基坑)回填土

其工程量按基础挖土体积减设计室外地坪标高以下埋设物的体积(包括基础、垫层、地梁或基础梁等的体积），以立方米计算。其计算公式表述如下：

$$V_{填土} = V_{挖土} - V_{下埋}$$

式中 $V_{填土}$——基础回填土体积；

$V_{挖土}$——基础挖土体积；

$V_{下埋}$——室外地坪标高以下埋设物的体积，包括基础、垫层、地梁或基础梁等的体积。

（2）室内回填土

其工程量按底层主墙间结构净面积乘以室内地坪的回填厚度以立方米计算。其计算公式表述如下：

$$V_{房心} = S_{底} \times (h - d)$$

式中 $V_{房心}$——室内回填土的体积；

$S_{底}$——底层主墙间净面积（主墙指墙厚大于120mm的墙）；

d——室内地坪的垫层、面层等厚度；

h——建筑室内外高差。

（3）余土外运或取土内运

$$工程量 = 挖土体积 - 回填土体积$$

运土体积计算结果为正值时为余土外运，为负值时为取土内运。

3.2.4 计算公式

1. 平整场地

人工平整场地，是指建筑场地挖（填）土方厚度在±30cm以内及找平（图3-33）。挖（填）土方厚度超过±30cm时，按场地土方平衡竖向布置图另行计算。

说明：

（1）人工平整场地超过±30cm的按挖（填）土方计算工程量。

（2）场地土方平衡竖向布置，是将原有地形划分成20m×20m或10m×10m若干个方格网，将设计标高和自然地形标高分别标注在方格点的右上角和左下角，然后确定挖方区和填方区的精度较高的土方工程量计算方法。

平整场地工程量按建筑物外墙外边线（用$L_{外}$表示）每边各加2m（图3-34），以平方米计算。

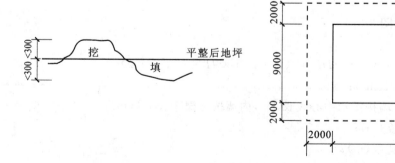

图3-33 平整场地示意图　　　　　图3-34 人工平整场地工程量计算

【例3-5】 根据图3-34计算人工平整场地工程量。

【解】

可以整理出平整场地工程量计算式：

$$S_{平} = (9.0+2.0\times2)\times(18.0+2.0\times2)$$
$$= 9.0\times18.0+9.0\times2.0\times2+2.0\times2\times18+2.0\times2\times2.0\times2$$
$$= 9.0\times18.0+(9.0\times2+18.0\times2)\times2.0+4\times4$$
$$= 162+54\times2.0+16$$
$$= 286 \quad (m^2)$$

上式中 9.0×18.0 为底面积，用 $S_{底}$ 表示；54 为外墙外边线周长，用 $L_{外}$ 表示；故可以归纳为：

$$S_{平} = S_{底}+L_{外}\times2+16$$

上述公式示意图见图 3-35。

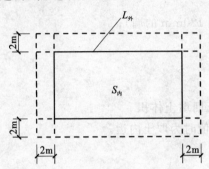

图 3-35 平整场地计算公式示意图

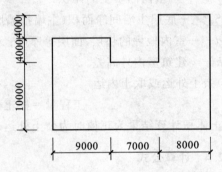

图 3-36 人工平整场地实例图示

【例 3-6】 根据图 3-36 计算人工平整场地工程量。

【解】

$$S_{底} = (10.0+4.0)\times9.0+10.0\times7.0+(10.0+4.0+4.0)\times8.0 = 340 \quad (m^2)$$
$$L_{外} = (18+24+4)\times2 = 92 \quad (m)$$
$$S_{平} = 340+92\times2+16 = 540 \quad (m^2)$$

注：上述平整场地工程量计算公式只适合于由矩形组成的建筑物平面布置的场地平整工程量计算，如遇其他形状，还需按有关方法计算。

2. 人工挖基槽

区别不同土的类别、挖土深度，用基础垫层底部宽度乘以基槽深度及基槽的长度，以立方米计算。

(1) 有工作面不放坡 (图 3-37)

计算公式：

$$V = (B+2C)HL = (B+2C)\times H\times(L_{中}+L_{净})$$

式中 V——基槽土方体积 (m^3)；

L——基槽长度，外墙按图示中心线长 $L_{中}$，内墙按基槽净长 $L_{净}$ (m)；

B——基础底面宽度 (m)；

C——增加工作面宽度 (m)；

H——挖土深度，从图示基槽底面至设计室外地坪 (m)。

【例 3-7】 某基槽长 15.50m，槽深 1.60m，混凝土基础垫层宽 0.90m，有工作面，三类土，计算人工挖基槽工程量。

【解】

已知：$B=0.90\text{m}, C=0.30\text{m}$（查表3-7），$H=1.60\text{m}, K=0.33$（放坡系数，查表3-6），$L=15.50\text{m}$。

故：
$$V=(B+2C+KH)HL$$
$$=(0.90+2\times0.30+0.33\times1.60)\times1.60\times15.50$$
$$=2.028\times1.60\times15.50=50.29\quad(\text{m}^3)$$

（2）由垫层下表面放坡（图3-38）

计算公式：
$$V=(B+2C+B+2C+2KH)\times H\div2\times(L_{中}+L_{净})$$
$$=(2B+4C+2KH)\times H\div2\times(L_{中}+L_{净})$$
$$=(B+2C+KH)H(L_{中}+L_{净})$$

式中　K——放坡系数，可按表3-6取定。

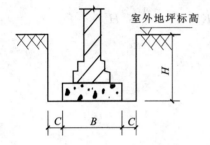

图3-37　有工作面不放坡基槽示意图

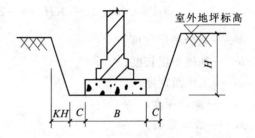

图3-38　垫层下表面放坡基槽示意图

（3）由垫层上表面放坡（图3-39）

计算公式：
$$V=[(B+KH_2)H_2+BH_1](L_{中}+L_{净})$$

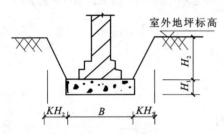

图3-39　自垫层上表面放坡示意图

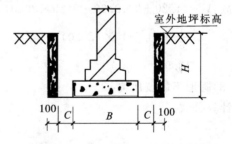

图3-40　双面支挡土板示意图

（4）双面支挡土板（图3-40）

计算公式：
$$V=(B+2C+0.2)H(L_{中}+L_{净})$$

（5）一面放坡，一面支挡土板（图3-41）

计算公式：
$$V=(B+2C+0.1+0.5KH)H(L_{中}+L_{净})$$

3. 挖基坑土方

（1）矩形不加工作面、不放坡地坑

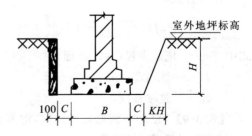

图3-41　单面支挡土板示意图

计算公式：

$$V = abH$$

（2）矩形有工作面有放坡地坑（图 3-42）

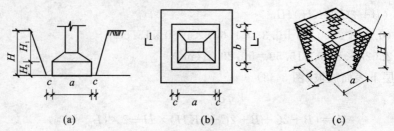

图 3-42　放坡基坑示意图

(a)1—1 剖面图；(b)基础平面图；(c)基坑立体示意图

计算公式：

$$V = (a + 2c + KH)(b + 2c + KH)H + \frac{1}{3}K^2H^3$$

式中　a——基础垫层宽度；

　　　b——基础垫层长度；

　　　c——工作面宽度；

　　　H——地坑深度；

　　　K——放坡系数。

【例 3-8】　已知某基础土壤为四类土，混凝土基础垫层长、宽分别为 1.50m 和 1.20m，深度为 2.20m，有工作面，计算该基础工程土方工程量

【解】

已知：$a = 1.20m$，$b = 1.50m$，$H = 2.20m$，$K = 0.25$（查表 3-6），$c = 0.30m$（查表 3-7）。

故：$V = (1.20 + 2 \times 0.30 + 0.25 \times 2.20) \times (1.50 + 2 \times 0.30 + 0.25 \times 2.20) \times 2.20 +$

$\quad \frac{1}{3} \times (0.25)^2 \times (2.20)^3$

$\quad = 13.92 \quad (m^3)$

（3）圆形不放坡地坑

计算公式：

$$V = \pi r^2 H$$

（4）圆形放坡地坑（图 3-43）

计算公式：

$$V = \frac{1}{3}\pi H[r^2 + (r + KH)^2 + r(r + KH)]$$

式中　r——坑底半径（含工作面）；

　　　H——地坑深度；

　　　K——放坡系数。

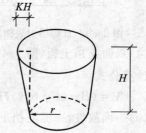

图 3-43　圆形放坡基坑示意图

【例 3-9】　已知一圆形放坡地坑，混凝土基础垫层半径 0.40m，基坑深度 1.65m，二类土，有工作面，计算其土方工程量。

【解】

已知:$c=0.30\text{m}$(查表 3-7),$r=0.40+0.30=0.70\text{m}$,$H=1.65\text{m}$,$K=0.50$(查表 3-6)

故

$$V=\frac{1}{3}\times3.1416\times1.65\times[0.70^2+(0.70+0.50\times1.65)^2+0.70\times(0.70+0.50\times1.65)]$$

$$=1.728\times(0.49+2.326+1.068)$$

$$=6.71\quad(\text{m}^3)$$

4. 挖孔桩土方

人工挖孔桩土方应按图示桩断面面积(含护臂)乘以设计桩孔中心线深度(从原地面至桩底)以立方米计算。挖孔桩的底部一般是球冠体(图 3-44)。

球冠体的体积计算公式为:

$$V=\pi h^2\left(R-\frac{h}{3}\right)$$

由于施工图中一般只标注 r 的尺寸,无 R 尺寸,所以需要变换一下求 R 的公式:

已知

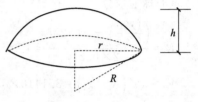

图 3-44 球冠示意图

$$r^2=R^2-(R-h)^2$$

故

$$r^2=2Rh-h^2$$

所以

$$R=\frac{r^2+h^2}{2h}$$

【例 3-10】 根据图 3-45 中的有关数据和上述计算公式,计算挖孔桩土方工程量。

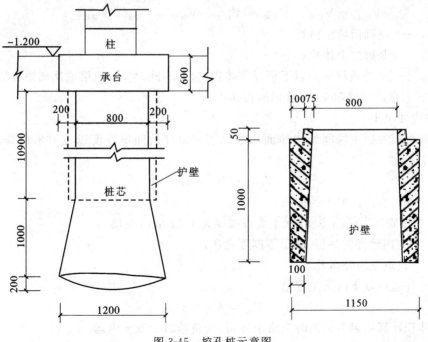

图 3-45 挖孔桩示意图

【解】

(1)桩身部分

$$V_1 = 3.1416 \times \left(\frac{1.15}{2}\right)^2 \times 10.90 = 11.32 \quad (\text{m}^3)$$

(2)圆台部分

$$V_2 = \frac{1}{3}\pi h (r^2 + R^2 + rR)$$

$$= \frac{1}{3} \times 3.1416 \times 1.0 \times \left[\left(\frac{0.8}{2}\right)^2 + \left(\frac{1.20}{2}\right)^2 + \frac{0.8}{2} \times \frac{1.20}{2}\right]$$

$$= 1.047 \times 0.76 = 0.80 \quad (\text{m}^3)$$

(3)球冠部分

$$R = \frac{\left(\frac{1.20}{2}\right)^2 + (0.2)^2}{2 \times 0.2} = 1.0 \quad (\text{m})$$

$$V_3 = \pi h^2 \left(R - \frac{h}{3}\right) = 3.1416 \times (0.20)^2 \times \left(1 - \frac{0.20}{3}\right) = 0.12 \quad (\text{m}^3)$$

所以挖孔桩体积=11.32+0.80+0.12=12.24 （m³）

5. 挖土方

凡不满足上述基槽、地坑条件,且深度 $H > 0.3\text{m}$ 的土方开挖,均为挖土方。

工程量区别不同土壤的类别,挖土深度按设计图示尺寸,以立方米计算。

6. 回填工程量计算

(1)基础(即基槽、基坑)回填土

其工程量用基础挖土体积减室外地坪标高以下埋设物的体积(包括基础、垫层、地梁或基础梁以及直径超过500mm的管道等所占的体积),以立方米计算。其计算公式表述如下:

$$V_{填土} = V_{挖土} - V_{下埋} = V_{挖土} - V_{垫层} - V_{基础} - V_{基础梁} - V_Z$$

式中　$V_{填土}$——基础回填土体积;

$V_{挖土}$——基础挖土体积;

$V_{下埋}$——室外地坪标高以下埋设物体积,包括基础、垫层、地梁或基础梁等的体积;

V_Z——直径超过500mm管道所占体积。

(2)室内回填土

其工程量按底层主墙间结构净面积乘以室内地坪的回填厚度以立方米计算。其计算公式表述如下:

$$V_{房心} = S_{底} \times (h - d)$$

式中　$V_{房心}$——室内回填土的体积;

$S_{底}$——底层主墙间净面积(主墙指墙厚大于120mm的墙);

d——室内地坪的垫层、面层等厚度之和;

h——建筑室内外高差。

7. 余土外运或取土内运工程量

$$V_{运} = V_{挖} - V_{回填}$$

运土体积计算结果为正值时为余土外运,为负值时为取土内运。

3.3 桩与地基基础工程

3.3.1 桩与地基基础工程项目划分及工作内容

1. 桩与地基基础工程项目划分(图 3-46)

图 3-46 桩与地基基础工程项目划分图

2. 项目及工作内容

(1)混凝土桩

①预制钢筋混凝土桩

a. 柴油打桩机打预制钢筋混凝土桩:准备打桩机具;移动打桩机就位;轨道调面;桩架超运距移动;吊装定位;安卸桩帽;校正;打桩;截桩及隆起土处理。

b. 液压静力压桩机压预制钢筋混凝土桩:准备压桩机具;移动压桩机就位;捆桩身;吊装定位;安卸桩帽;校正;压桩。

c. 静压锚杆桩:准备压桩机具;桩场内运输;清理锚杆孔;吊桩定位、调整;锚杆校正;压桩;送桩;砍桩头;凿桩头;模板制、安、拆;安铁件;浇捣。

②预制钢筋混凝土桩接桩

准备接桩工具;对接上、下节桩;桩顶垫平;放置接桩;筒铁;钢板;焊接;焊制;安放;拆卸夹箍等;运送;灌注胶泥等。

③混凝土灌注桩

a. 沉管灌注混凝土桩:准备打桩机具;移动打桩机及其轨道就位;桩架调面;超运距桩架移动;用钢管打桩孔安放钢筋笼;运砂石料;过磅、搅拌、运输灌注混凝土;拔钢管;夯实;混凝土养护。

b. 复打灌注混凝土桩:移动打桩机及其轨道就位;桩架调面及超运距移动;安放桩尖;沉管打孔;搅拌灌注混凝土;拔钢管;夯实;混凝土养护。

c. 回旋钻孔灌注桩:护筒埋设及拆除;安拆泥浆系统并造浆;准备钻具;安拆移桩架;钻孔;提钻;清孔;混凝土配料、搅拌运输及灌注;安拆导管及漏斗。

d. 长螺旋钻孔灌注混凝土桩:准备机具;移动桩机;桩位校测;钻孔;安放钢筋骨架;搅拌灌注混凝土;清理钻孔余土,并运至现场 50m 以外指定地点。

e. 人工挖孔桩:挖孔桩桩芯,混凝土水平运输,混凝土搅拌、捣固、养护;混凝土护壁,木模板制、安、拆及刷隔离剂,搅拌、浇捣护壁混凝土;砖护壁,调、运、铺砂浆,运、砌砖。

(2)其他桩

①沉管灌注砂(碎石或砂石)桩:准备打桩机具;移动打桩机及其轨道就位;桩架调面及超运距移动;安放桩尖;沉管打孔;运砂(碎石或砂石);灌注;拔管;振实。

②灰土挤密桩:准备机具;移动桩机就位;打、拔桩管成孔;灰土过筛拌和;30m内运输;填充;夯实。

③深层搅拌法加固地基:机具移动;就位;校测;钻进;制浆;输送、灌注、搅拌水泥记录;挖排污沟池。

(3)地基处理

机具准备;按设计要求布置锤位线;夯击;夯锤位移;施工道路平整;资料记载。

3.3.2 定额说明

3.3.2.1 桩与地基基础工程说明

(1)本定额适用于一般工业与民用建筑工程的桩基础,不适用水利建筑、公路桥梁工程。

(2)本定额已综合了土壤的级别,执行中不予换算。

(3)钻(冲)桩不分土壤类别。岩石风化程度划分为强风化岩、中风化岩、微风化岩三类。强风化岩不作入岩计算。中风化岩和微风化岩作入岩计算。

(4)每个单位工程的打(灌)桩工程量小于表 3-10 规定数量时,其人工、机械量按相应定额项目乘以系数 1.25 计算。

表 3-10　单位工程打(灌)桩工程量

项目	单位工程的工程量(m^3)
预制钢筋混凝土桩	150
沉管灌注混凝土桩	60
钻孔灌注混凝土桩	100
灌注砂(碎石或砂石)桩	60
灰土挤密桩	60
深层搅拌法加固地基	100
人工挖孔桩	100

(5)本定额除静力压桩外,均未包括接桩。如需接桩,除按相应打桩项目计算外,还要按设计要求另行计算接桩项目。其焊接桩接头钢材用量,设计与定额用量不同时,应按设计用量进行调整。

(6)打试验桩按相应定额项目的人工、机械乘以系数 2 计算。

(7)打桩、沉管,桩间净距小于 4 倍桩径(桩边长)的,均按相应定额项目中的人工、机械乘以系数 1.13 计算。

(8)定额以打直桩为准,如打斜桩,斜度在 1:6 以内者,按相应定额项目人工、机械乘以系数 1.25;如斜度大于 1:6 者,按相应定额项目人工、机械乘以系数 1.43。

(9)定额以平地(坡度小于 1:50)打桩为准,如在坡堤上(坡度大于 1:50)打桩时,按相应定额项目人工、机械乘以系数 1.15;如在基坑内(基坑深度大于 1.5m)打桩或在地坪上打坑槽(坑槽深度大于 1m)内桩时,按相应定额项目人工、机械乘以系数 1.11。

(10)定额中各种灌注桩的材料用量,均已包括表 3-11 规定的充盈系数和材料损耗。充盈系数与规定不同时可以调整。

表 3-11　定额规定的各种灌注桩充盈系数和材料损耗率

项目名称	充盈系数	损耗率(%)
沉管灌注混凝土桩	1.18	1.50
钻孔灌注混凝土桩	1.25	1.50
沉管灌注砂桩	1.30	3.00
沉管灌注砂石桩*	1.30	3.00

注:*沉管灌注砂石桩除上述充盈系数和损耗率外,还包括级配密实系数1.334。

(11)因设计修改在桩间补桩或在强夯后的地基上打桩时,按相应定额项目人工、机械乘以系数1.15。

(12)打送桩时,可按相应打桩定额项目综合工日及机械台班乘表3-12规定系数计算。

表 3-12　定额项目规定系数

送桩深度	系　数
2m 以内	1.25
4m 以内	1.43
4m 以上	1.67

(13)金属周转材料中包括桩帽、送桩器、桩帽盖、活瓣桩尖、钢管、料斗等属于周转性使用的材料。

(14)钢板桩尖按加工铁件计价。

(15)定额中各种桩的混凝土强度如与设计要求不同,可以进行换算。

(16)深层搅拌法加固地基的水泥用量:定额中按水泥掺入量为12%计算,如设计水泥掺入比例不同时,可按水泥掺入量每增减1%进行换算。

(17)强夯法加固地基是在天然地基上或填土地基上进行作业的,如在某一遍夯击后,设计要求用外来土(石)填坑时,其土(石)回填另按有关规定执行。本定额不包括强夯前的试夯工作和费用,如设计要求试夯,可按设计要求另行计算。

3.3.2.2　桩与地基基础工程工程量计算规则

计算打桩(灌注桩)工程量前应确定施工方法、工艺流程、采用机型等。

1.打(压)预制钢筋混凝土桩

(1)预制钢筋混凝土桩按体积以立方米计算。其体积用设计桩长(包括桩尖,不扣除桩尖虚体积)乘以桩截面面积。

(2)送桩:用桩的截面面积乘以送桩长度(即打桩架底至桩顶面高度或自桩顶面至自然地坪高度另加0.5m),以立方米计算。

(3)接桩:按设计接头数,以个计算。

(4)封桩按实体积计算。

2.沉管灌注桩

(1)混凝土桩、砂桩、碎石桩的体积,按设计桩长(包括桩尖,不扣除桩尖虚体积)增加0.25m乘以设计截面面积计算。

如采用预制钢筋混凝土桩尖或钢板桩尖者,其桩长按沉管底算至设计桩顶面(即自桩尖顶面至桩顶面)再加0.25m计算。活瓣桩尖的材料不扣,预制钢筋混凝土桩尖按混凝土及钢筋混凝土工程规定以立方米计算,钢板桩尖按实体积计算(另加 2%的损耗)。

(2)复打桩工程量在编制预算时按图示工程量计算,结算时按复打部分混凝土的灌入量体积,套相应的复打定额子目。

3.钻孔灌注桩

(1)回旋钻孔灌注桩,按设计桩长增加 0.25m(设计有规定的按设计规定)乘以设计桩截面面积,以立方米计算。

(2)长螺旋钻孔灌注桩,按设计桩长另加 0.25m 乘以螺旋钻头外径另加 2cm 截面面积计算。

4.人工挖孔桩

(1)护壁体积:按设计图尺寸从自然地坪至护大头(或桩底)以立方米计算。

(2)桩芯体积:按设计图示尺寸,从桩顶至桩底以立方米计算。

5.深层搅拌法加固地基,其体积按设计长度另加 0.25m 乘以设计截面面积以立方米计算。

6.钢筋笼制作按混凝土及钢筋混凝土工程有关规定套相应的定额子目。

7.人工挖孔桩的挖土及沉管灌注桩、钻孔灌注桩空孔部分的成孔量按土(石)方工程有关规定套相应的定额子目。

8.灰土挤密桩按设计桩长(不扣除桩尖虚体积)乘以钢管下端最大外径的截面面积计算。

9.地基强夯按设计图示强夯面积,区分夯击能量、夯击遍数,以平方米计算。

3.4　砌　筑　工　程

3.4.1　砌筑工程项目划分及工作内容

1.砌筑工程项目划分(图 3-47)

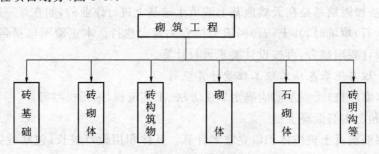

图 3-47　砌筑工程项目划分图

2.项目及工作内容

(1)砖基础工作内容

调、运砂浆;运砖;清理基槽坑;砌砖等。

(2)砖砌体项目及工作内容

①实心墙工作内容:调、运、铺砂浆;运砖;砌砖(包括窗台虎头砖、腰线、门窗套、安放木砖、铁件等);砌砖拱或钢筋砖过梁。

②空斗墙、空花墙工作内容:调、运、铺砂浆;运砖;砌砖(包括窗台虎头砖、腰线、门窗套、砖拱或砖过梁);安放木砖、铁件等。

③填充墙、贴砌砖工作内容:同空斗墙、空花墙。

④围墙工作内容:调、运、铺砂浆;运砖;砌砖。

⑤砖柱工作内容:调、运、铺砂浆;运砖;砌砖;安放木砖、铁件等。

⑥其他工作内容:调、运、铺砂浆;运砖;砌砖;钢筋制作、安装等。

(3)砖构筑物项目及工作内容

①砖烟囱、水塔工作内容

a.砖烟囱(筒身高度):调、运砂浆;砍砖;砌砖;原浆勾缝;支模出檐;安爬梯;烟囱帽抹灰等。

b.机砖加工:验砖;划线;砍砖磨平;加工完毕的砖分类堆放。

c.砖烟囱内衬:调、运砂浆;砍砖;砌砖;内部灰缝刮平及填充隔热材料等。

d.水塔:调运砂浆;砍砖;砌砖及原浆勾缝;制作安装及拆除门窗保护膜等。

e.烟囱、烟道内刷隔绝层:涂料熬制或拌和材料;搭设工作台;涂抹内表面。

②化粪池、检查井工作内容:调、运、铺砂浆;运砖;砌砖。

(4)砌块、砌体项目及工作内容

①砌块墙工作内容:调、运、铺砂浆;运砌;砌块(包括窗台虎头砖、腰线、门窗套;安放木砖、铁件)等。

②多孔砖墙工作内容:调、运、铺砂浆;运砖;砌砖(包括窗台虎头砖、腰线、门窗套;安放木砖、铁件)等。

③空心砖墙工作内容:调、运、铺砂浆;运砖;砌砖(包括窗台虎头砖、腰线、门窗套;安放木砖、铁件)等。

(5)石砌体项目及工作内容

①石基础工作内容:运石;调、运、铺砂浆;砌筑。

②石墙、柱工作内容:运石;调、运、铺砂浆;砌筑;平整墙角及门窗洞口处的石料加工等;毛石墙身(包括墙角、门窗洞口处的石料)加工。

③地沟工作内容:调、运、铺砂浆;运、砌石。

④护坡工作内容:调、运砂浆;铺砂;勾缝等。

⑤其他工作内容:翻石楞子;天地座打平;运石;调、运、铺砂浆;安铁梯及清理石渣、洗石料;基础夯实;扁钻缝;安砌等。

⑥红条石工作内容:调、运、铺砂浆;砌石;墙基包括清基槽;平整墙角及门窗洞口石料和拱石的加工;挖凿木砖(挂)和楞木的槽洞;砌拱、立门、窗框;安放木砖、铁件。

(6)砖明沟、混凝土管道铺设项目及工作内容

①砖明沟工作内容:包括挖土方;铺混凝土垫层;砌砖;抹水泥砂浆面层。

②混凝土管道铺设(平接式,管长 1050mm)工作内容:排管;下管;调直;找平;槽上搬运;清理管口;调运砂浆;填缝;压实;养护。

3.4.2 定额说明

3.4.2.1 砌筑工程说明

1.砌砖、砌块

(1)定额中砖的规格,是按标准砖编制的;砌块、多孔砖、空心砖的规格是按常用规格编制的。规格不同时,可以换算。

(2)砖墙定额中已包括先立门窗框的调直用工以及腰线、窗台线、挑檐等一般出线用工。

（3）砖砌体均包括了原浆勾缝用工,加浆勾缝时,另按相应定额计算。

（4）填充墙以填炉渣、炉渣混凝土为准,如实际使用材料与定额不同时允许换算,其他不变。

（5）圆形烟囱基础按砖基础定额执行,人工乘以系数1.2。

（6）砖砌挡土墙,顶面宽2砖以上执行砖基础定额;顶面宽2砖以内执行砖墙定额。

（7）围墙按实心砖砌体编制,如砌空花、空斗等其他砌体围墙,可分别按墙身、压顶、砖柱等套用相应定额。

（8）砖砌圆弧形空花、空斗砖墙及砌块砌体墙,按相应定额项目人工乘以系数1.1。

（9）零星项目系指砖砌厕所蹲台、小便池槽、水槽腿、垃圾箱、花台、花池、房上烟囱、台阶挡墙牵边、隔热板砖墩、地板墩等。

（10）定额中砌筑砂浆强度如与设计要求不同时,除附加砂浆外均可以换算。

2. 砌石

（1）毛石护坡高度超过4m时,人工乘以系数1.15。

（2）砌筑圆弧形石砌体基础、墙(含砖石混合砌体),按定额项目人工乘以系数1.1。

3.4.2.2 砌筑工程工程量计算规则

1. 砌筑一般计算规则

（1）砖、石砌体除另有规定外,均按实砌体积以立方米计算。

（2）计算墙体工程量时,应扣除门窗洞口、过人洞、空圈、嵌身的钢筋混凝土桩、梁(包括过梁、圈梁、挑梁)和暖气包壁龛及内墙板头的体积,不扣除梁头、板头、檩头、垫木、木楞头、沿椽木、木砖、门窗走头(图3-48)、砖墙内的加固钢筋、木筋、铁件、钢管及每个面积在 $0.3m^2$ 以下的孔洞等所占体积,突出墙面的窗台虎头砖(图3-49)、压顶线(图3-50)、山墙泛水(图3-51)、烟囱根(图3-52、图3-53)、门窗套(图3-54)、腰线和挑檐等体积亦不增加(图3-55)。

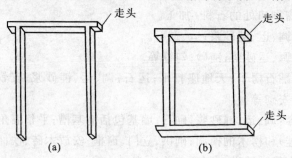

图 3-48　木门窗走头示意图

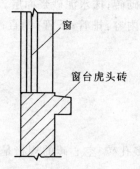

图 3-49　突出墙面的窗台虎头砖示意图

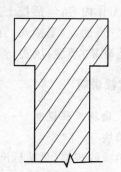

图 3-50　砖压顶线示意图

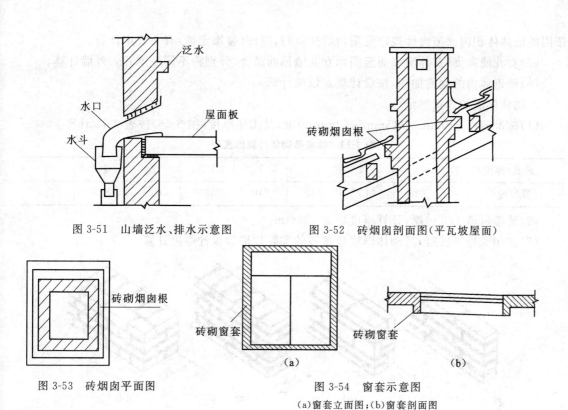

图 3-51　山墙泛水、排水示意图　　　图 3-52　砖烟囱剖面图(平瓦坡屋面)

图 3-53　砖烟囱平面图　　　　图 3-54　窗套示意图

(a)窗套立面图;(b)窗套剖面图

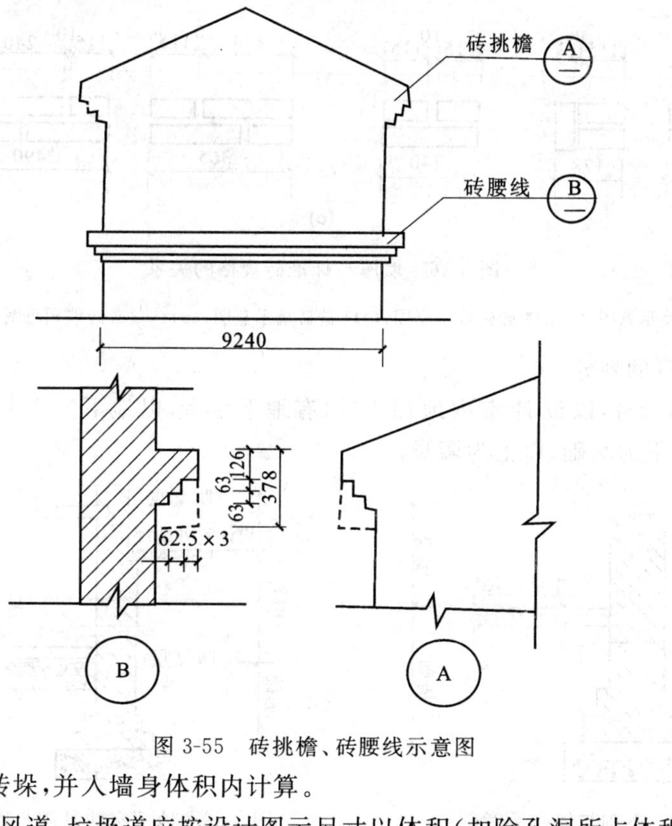

图 3-55　砖挑檐、砖腰线示意图

(3)凸出墙面的砖垛,并入墙身体积内计算。

(4)附墙烟囱、通风道、垃圾道应按设计图示尺寸以体积(扣除孔洞所占体积)计算,并入所依附的墙体体积内。当设计规定孔洞内需抹灰时,应按《装饰定额》有关规定计算。

(5)女儿墙高度,自外墙顶面至图示女儿墙顶面高度,分别将不同墙厚并入外墙计算。

(6)砖砌体内的钢筋加固,按设计规定以吨计算。

2.砌体厚度的计算规定

(1)标准砖以 240mm×115mm×53mm 为准,其砌体厚度(图 3-56)按表 3-13 计算。

表 3-13　标准砖砌体计算厚度表

砖数(厚度)	1/4	1/2	3/4	1	1.5	2	2.5	3
计算厚度(mm)	53	115	180	240	365	490	615	740

(2)砖墙每增 1/2 砖厚,计算厚度增加 125mm。

(3)使用非标准砖时,其砌体厚度应按砖的实际规格和设计厚度计算。

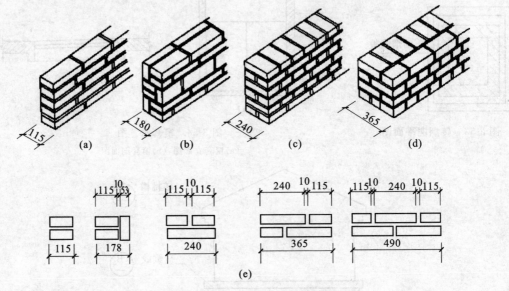

图 3-56　墙厚与标准砖规格的关系

(a)1/2 砖砖墙示意图;(b)3/4 砖砖墙示意图;(c)1 砖砖墙示意图;(d)1 $\frac{1}{2}$ 砖砖墙示意图;(e)墙厚示意图

3.基础与墙身的划分

(1)砖基础与墙身,以设计室内地面为界(有地下室者,以地下室室内设计地面为界)(图 3-57、图3-58),以下为基础,以上为墙身。

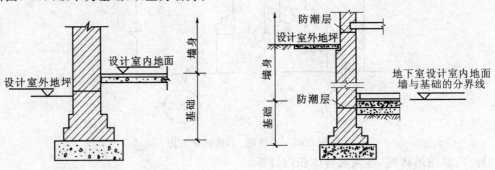

图 3-57　基础与墙身示意图　　　图 3-58　地下室的基础与墙身划分示意图

（2）石基础与墙身的划分：以设计室内地面为界，以下为基础，以上为墙身。

（3）基础与墙身使用不同材料时，位于设计室内地面±300mm以内时，以不同材料为分界线超过±300mm时，以设计室内地面为分界线。

（4）砖、石围墙，以设计室外地坪为界线，以下为基础，以上为墙身。

4. 基础长度

外墙墙基按外墙基中心线长度计算；内墙墙基按内墙基净长计算。基础大放脚 T 形接头处的重叠部分以及嵌入基础的钢筋、铁件、管道、基础防潮层及单个面积在 0.3m² 以内孔洞所占体积不予扣除，但靠墙暖气沟的挑檐亦不增加。附墙垛基础宽出部分体积应并入基础工程量内。

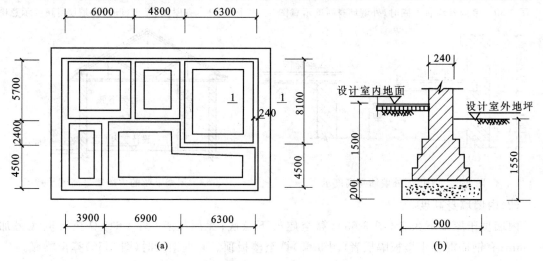

图 3-59 砖基础施工图
(a)基础平面图；(b)1—1 剖面图

【例 3-11】 根据图 3-59 基础施工图中基础尺寸，计算砖基础的长度（基础墙厚均为240mm）。

【解】

（1）外墙基础长度 $L_{中}$

$L_{中}=[(4.5+2.4+5.7)+(3.9+6.9+6.3)]\times 2=59.4$ （m）

（2）内墙砖基础净长 $L_{内}$

$L_{内}=(5.7-0.24)+(8.1-0.24)+(4.5+2.4-0.24)+(6.0+4.8-0.24)+6.3$
$=36.84$ （m）

5. 墙的长度

外墙按外墙中心线长计算；内墙按内墙净长计算；围墙按设计长度计算。

6. 墙身高度

（1）外墙墙身高度

斜（坡）屋面无檐口天棚者算至屋面板底；有屋架且室内外均有天棚者算至屋架下弦底另加 200mm（图 3-60）；无天棚者算至屋架下弦底另加 300mm（图 3-61），出檐宽度超过 600mm 时按实际高度计算；平屋面算至钢筋混凝土板底（图 3-62）。

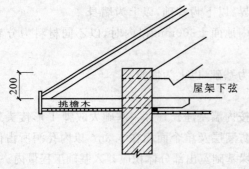

图 3-60 室内外均有天棚时,外墙墙身高度示意图

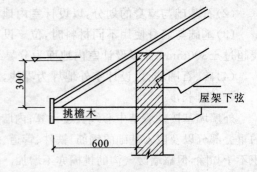

图 3-61 有屋架、无天棚时,外墙墙身高度示意图

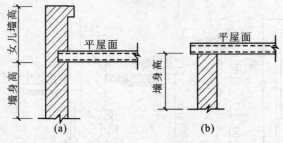

图 3-62 平屋面外墙墙身高度示意图

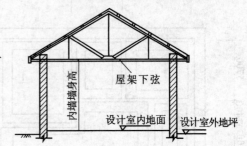

图 3-63 屋架下弦的内墙墙身高度示意图

(2)内墙墙身高度

内墙位于屋架下弦者(图 3-63),算至屋架下弦底;无屋架者(图 3-64)算至天棚底另加100mm;有钢筋混凝土楼板隔层者(图 3-65)算至楼板顶。有框架梁时(图 3-66)算至梁底。

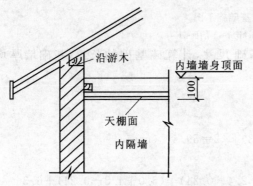

图 3-64 无屋架时,内墙墙身高度示意图

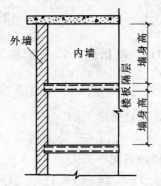

图 3-65 有混凝土楼板隔层时的内墙墙身高度示意图

(3)围墙高度

从设计室外地坪至围墙砖顶面:①有砖压顶算至压顶顶面;②无压顶算至围墙顶面;③其他材料压顶算至压顶底面。

7.框架结构间砌体

分别按不同墙厚,以框架间的净空面积(图 3-66)乘以墙厚套相应砖墙定额计算。框架外表镶贴面砖部分亦并入框架间砌体工程量内计算。

8.空花墙

按空花部分外形体积以立方米计算,空花部分不予扣除,其中实体部分以立方米另列项目计算(图 3-67)。

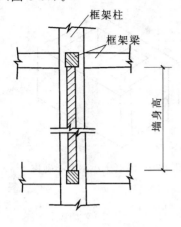

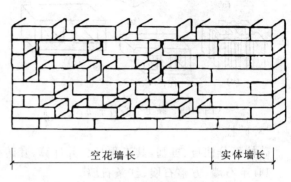

图 3-66　有框架梁时的墙身高度示意图　　　图 3-67　空花墙与实体墙划分示意图

9.空斗墙

按外形尺寸以立方米计算,墙角、内外墙交接处、门窗洞口立边、平镟、窗台砖及屋檐处的实砌部分已包括在定额内,不另计算,但窗间墙、窗台下、楼板下、梁头下、钢筋砖圈梁、附墙垛、楼板面踢脚线等实砌部分应另行计算,套零星砌体定额项目(图 3-68)。

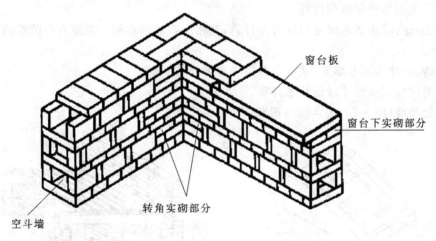

图 3-68　空斗墙转角及窗台下实砌部分示意图

10.多孔砖、空心砖墙

按图示厚度以立方米计算,不扣除其孔、空心部分体积(图 3-69)。

11.填充墙

按外形尺寸以立方米计算,其中实砌部分已包括在定额内,不另计算。

12.砌块墙(加气混凝土墙、硅酸盐砌块墙、小型空心砌块墙)

按图 3-70 所示尺寸以立方米计算,砌块本身空心体积不予扣除,按设计规定需要镶嵌面砖砌体部分已包括在定额内,不另计算。

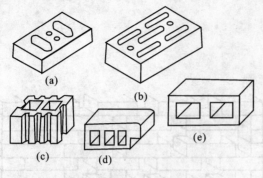

图 3-69　黏土空心砖示意图

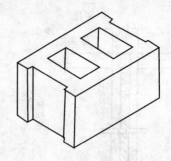

图 3-70　混凝土小型空心砌块

13. 砖柱

砖柱不分柱身、桩基,其工程量合并计算,套砖柱定额项目。

14. 毛石墙、方整石墙、红条石墙

按图示尺寸以立方米计算。墙面突出的垛并入墙身工程量内计算。如有砖砌门窗口立边、窗台虎头砖、砖平整、钢筋砖过梁等实砌砖,体积以零星砌体计算。

15. 其他砌体

(1)砖砌锅台、炉灶,不分大小,均按图示外形尺寸以立方米计算,不扣除各种空洞的体积。

(2)砖砌台阶(不包括牵边)(图 3-71)按水平投影面积以平方米计算。

(3)零星砌体按实体积计算。

(4)毛石台阶按图示尺寸以立方米计算,套相应石基础定额。方整石台阶按图示尺寸以立方米计算。

(5)砖、石地沟不分墙基、墙身合并以立方米计算。

(6)明沟按图示尺寸以延长米计算。

(7)地垄墙(图 3-72)按实砌体积套用砖基础定额。

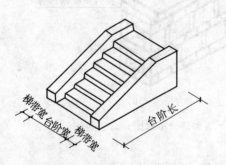

图 3-71　砖砌台阶示意图

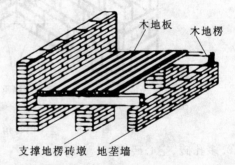

图 3-72　地垄墙及支撑地楞砖墩示意图

16. 砖烟囱

(1)基础与筒身划分,以基础大放脚的扩大顶面为界,以上为筒身,以下为基础。砖基础以下的钢筋混凝土板,按钢筋混凝土相应定额套用。

(2)烟囱筒身不分方形、圆形均按本定额执行。按图示筒壁平均中心线周长乘以厚度,以立方米计算,但应扣除各种孔洞及钢筋混凝土圈梁、过梁所占的体积。其筒壁周长不同时,可按下式分段计算:

$$V = \sum (H \times C \times \pi D)$$

式中 V——筒身体积；

$\quad\quad H$——每段筒身垂直高度；

$\quad\quad C$——每段筒壁厚度；

$\quad\quad D$——每段筒壁中心线的平均直径。

(3)烟囱筒身已包括了原浆勾缝和烟囱帽抹灰的工料，如设计要求加浆勾缝者，另行计算套砖墙勾缝定额。原浆勾缝的工料不予扣除。

(4)砖地、烟囱内及烟道中的钢筋混凝土构件另列项计算，套混凝土及钢筋混凝土分部的相应定额子目。

(5)烟道砌砖：烟道与炉体的划分以第一道闸门为界。炉体内的烟道部分列入炉体工程量内。砖烟囱、烟道及其砖内衬，如设计要求采用楔形砖时，应根据施工组织设计规定的数量，另列项目计算。

(6)砖烟囱内采用钢筋加固者，钢筋按实际重量套"砖砌体内钢筋加固"定额子目。

(7)烟囱内衬及内表面涂抹隔绝层。

①内衬按不同材料，以图示实砌体积计算，并扣除各种孔洞所占的体积。内衬伸入筒身的连接横砖工料已包括在定额内，不另计算。

②填料按烟囱筒身与内衬之间的体积以立方米计算(填料中心线平均周长乘以图示厚度和高度)，扣除各种孔洞所占的体积，但不扣除连接横砖(防沉带)的体积。填料所需的人工已包括在内衬定额中。

③烟囱内表面涂抹隔绝层，按筒身内壁的面积计算，并扣除孔洞面积。

(8)烟囱的铁梯、围栏及紧箍圈的制作安装，按金属结构分部相应定额计算。

17.砖砌水塔

(1)基础与划分：以砖砌体的扩大部分顶面为界，以上为塔身，以下为基础，分别套用相应定额。

(2)塔身以图示实砌体积计算，扣除门窗洞口和混凝土构件所占的体积。

(3)砖水箱的外壁不分壁厚，均以图示实砌体积计算，套相应砖墙定额。

(4)砖水塔中的钢筋混凝土构件另列项计算，套混凝土及钢筋混凝土分部相应定额子目。

18.检查井及化粪池

不分壁厚，均以立方米计算。

19.混凝土管道铺设

按设计图示长度以延长米计算。

3.4.3 计算公式

1.基础

$$V = \left(\begin{matrix}外墙基\\中心线长\end{matrix} + \begin{matrix}内墙基\\净长\end{matrix}\right) \times \begin{matrix}基础横断\\面面积\end{matrix} - \begin{matrix}嵌入基础内的混凝土\\及钢筋混凝土构件体积\end{matrix}$$

2.砖墙体积

(1)1B砖外墙

$V =$ 外墙中心线长×墙高×墙厚—门窗洞口、过人洞、空圈、嵌入墙身的混凝土柱、梁
及0.3m² 以上孔洞所占的体积+砖垛、三匹砖以上腰线和挑檐等体积

(2)1B砖内墙

$V=$内墙净长×墙高×墙厚－门窗洞口、过人洞、空圈、嵌入墙身的混凝土柱、梁板头及0.3m²以上孔洞所占的体积＋砖垛及三匹砖以上腰线的体积

3.砖柱

$$V=长×宽×高－嵌入柱内的混凝土及钢筋构件＋柱基础体积$$

4.砖烟囱筒身

$$V=\sum(H×C×\pi D)－嵌入筒身的各种混凝土构件$$

式中　V——筒身体积；

C——每段筒壁厚度；

H——每段筒身垂直高度；

D——每段筒壁中心线的平均直径。

【例3-12】　根据图3-73中有关数据和上述公式计算砖砌烟囱和圈梁工程量。

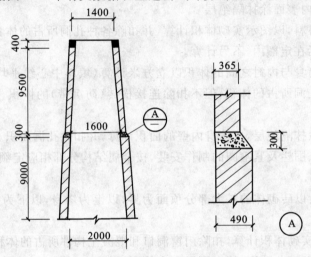

图3-73　有圈梁砖烟囱示意图

【解】

(1)砖砌烟囱工程量

①上段

已知：$H=9.5$m，$C=0.365$m，则：$D=(1.40+1.60+0.365)×0.5=1.68$　（m）

所以　$V_{上}=9.50×0.365×3.1416×1.68=18.30$　（m³）

②下段

已知：$H=9.0$m，$C=0.490$m，则：$D=(2.0+1.60+0.365×2-0.49)×0.5=1.92$　（m）

所以　$V_{下}=9.0×0.49×3.1416×1.92=26.60$　（m³）

$V=18.30+26.60=44.90$　（m³）

(2)混凝土圈梁工程量

①上部圈梁

$V_{上}=1.40×0.365×3.1416×0.4=0.64$　（m³）

②中部圈梁

圈梁中心直径＝1.60＋0.365×2－0.49＝1.84 （m）

圈梁断面积＝(0.365＋0.49)×0.5×0.30＝0.128 （m²）

$V_{中}$＝1.84×3.1416×0.128＝0.74 （m³）

所以 V＝0.74＋0.64＝1.38 （m³）

5. 大放脚砖基础

(1)等高式大放脚砖基础[图3-74(a)]

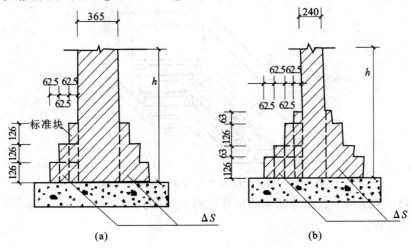

图 3-74 大放脚砖基础示意图

(a)等高式大放脚砖基础；(b)不等高式大放脚砖基础

计算公式：

$V_{基}$＝(基础墙厚×基础墙高＋放脚增加面积)×基础长

$= (d×h＋\Delta S)×l$

$= [dh＋0.126×0.0625n(n＋1)]×l$

$= [dh＋0.007875n(n＋1)]×l$

式中 0.007875——一个放脚标准块面积；

0.007875$n(n＋1)$——全部放脚增加面积；

n——放脚层数；

d——基础墙厚；

h——基础墙高；

l——基础长。

【例3-13】 某工程砌筑的等高式标准砖大放脚基础如图3-74(a)所示，当基础墙高 $h=$ 1.4m，基础长 $l=25.65$m 时，计算砖基础工程量。

【解】

已知：$d=0.365$m，$h=1.4$m，$l=25.65$m，$n=3$

$V_{砖基}$＝(0.365×1.40＋0.007875×3×4)×25.65

＝0.6055×25.65

＝15.53 （m³）

(2)不等高式大放脚砖基础[图3-74(b)]

计算公式：

$$V_{基} = \left\{ d \times h + 0.007875 \left[n(n+1) - \sum 半层放脚层数值 \right] \right\} \times l$$

式中　半层放脚层数值——半层放脚（0.063m高）所在放脚层的值，如图 3-74(b)中为 1+3=4；
其余字母含义同上式。

（3）基础大放脚 T 型接头重复部分（图 3-75）

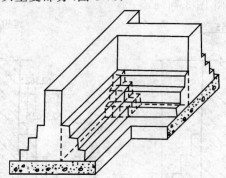

图 3-75　基础大放脚 T 型接头重复部分示意图

【例 3-14】　某工程大放脚砖基础的尺寸见图 3-74(b)，当 $h=1.56m$，基础长 $l=18.5m$ 时，
计算砖基础工程量。

【解】

已知：$d=0.24m$，$h=1.56m$，$l=18.5m$，$n=4$

$$V_{基} = \left\{ 0.24 \times 1.56 + 0.007875 \times \left[4 \times (4+1) - (3+1) \right] \right\} \times 18.5$$

$$= \left\{ 0.3744 + 0.007875 \times \left[4 \times (4+1) - (3+1) \right] \right\} \times 18.5$$

$$= 9.26 \quad (m^3)$$

标准砖大放脚基础，放脚增加面积 $\triangle S$ 见表 3-14。

表 3-14　砖墙基础大放脚面积增加表

放脚层数(n)	增加面积 $\triangle S(m^2)$		放脚层数(n)	增加面积 $\triangle S(m^2)$	
	等高	不等高（奇数层为半层）		等高	不等高（奇数层为半层）
1	0.01575	0.0079	10	0.8663	0.6694
2	0.04725	0.0394	11	1.0395	0.7560
3	0.0945	0.0630	12	1.2285	0.9450
4	0.1575	0.1260	13	1.4333	1.0474
5	0.2363	0.1654	14	1.6538	1.2679
6	0.3308	0.2599	15	1.8900	1.3860
7	0.4410	0.3150	16	2.1420	1.6380
8	0.5670	0.4410	17	2.4098	1.7719
9	0.7088	0.5119	18	2.6933	2.0554

注：①等高式 $\triangle S=0.007875n(n+1)$。

②不等高式 $\triangle S=0.007875 \left[n(n+1) - \sum 半层放脚层数值 \right]$。

6.砂浆强度换算

【例3-15】 定额砂浆强度换算:某1B砖混水砖墙采用M5水泥砂浆砌筑,试计算其基价。

【解】

换算公式:

换算后基价=原基价+定额量×(换入价-换出价)

=定额基价+定额主体砂浆耗用量×(替换砂浆单价-定额主体砂浆单价)

据《建筑定额》(2004年)上册查,A3-10子目定额基价1823.52元/$10m^3$,主体砂浆(M2.5混合砂浆)数量为2.16m^3/$10m^3$,其单价为73.64元/m^3,而砌筑砂浆M5水泥砂浆单价为90.64元/m^3。

换算后基价=1823.52+2.16×(90.64-73.64)

=1860.24 (元/$10m^3$)

7.砖砌体砖数量及砂浆用量的换算

(1)砌块、砌墙砖用量及砂浆用量计算

①砖净用量:

$$砖净用量=\frac{1}{墙厚×(砖长+灰缝)×(砖厚+灰缝)}×K$$

式中 K——墙厚的砖数×2(墙厚的砖数是指0.5、1、1.5、2…)。

②砂浆净用量:

$$砂浆净用量=1-单砖体积×砖数$$

【例3-16】 某1B砖墙砖规格220mm×110mm×55mm,灰缝10mm,试换算砖和砂浆用量。定额中1B标准砖规格为240mm×115mm×53mm,灰缝厚为10mm。

【解】

a.计算换算系数:

(a)计算非标准砖数量$A_1=\dfrac{1}{0.22×0.23×0.065}×2=608$ (块)

砂浆用量$B_1=1-0.22×0.11×0.055×608=0.191$ (m^3)

(b)计算标准砖数量$A=\dfrac{1}{0.24×0.25×0.63}×2=529$ (块)

砂浆用量$B=1-0.24×0.115×0.053×529=0.226$ (m^3)

砖换算系数=$A_1/A=608/529=1.149$

砂浆换算系数=$B_1/B=0.191/0.226=0.845$

b.调整定额用量:

砖用量=5.4×1.149=6.205 (千块)

砂浆用量=2.16×0.845=1.825 (m^3)

(2)常用空斗砖墙砖用量和砂浆用量的换算

①一卧一斗:

$$砖净用量=\frac{一卧一斗一层砖的块数}{墙厚×一卧一斗砖高×墙长}$$

$$砂浆净用量=\frac{(墙长×6+立砖净空×10+斗砖宽×20+卧砖长×12.5)×0.01×0.053}{墙厚×一卧一斗砖高×墙长}$$

②一卧二斗：

$$砖净用量 = \frac{一卧二斗一层砖的块数}{墙厚 \times 一卧二斗砖高 \times 墙长}$$

$$砂浆净用量 = \frac{(墙长 \times 6 + 立砖净空 \times 10 + 斗砖宽 \times 40 + 卧砖长 \times 12.5) \times 0.01 \times 0.053}{墙厚 \times 一卧二斗砖高 \times 墙长}$$

(3)加气混凝土砌块用量及砂浆用量的换算

$$砌块净用量 = \frac{1}{(砌块长 + 灰缝) \times 砌块宽 \times (砌块厚 + 灰缝)}$$

$$砂浆净用量 = 1 - 砌块净用量 \times 每块砌块体积$$

(4)方形砖柱砖用量及砂浆用量的换算

$$砖净用量 = \frac{一层砖的块数}{长 \times 宽 \times (一层砖厚 + 灰缝)}$$

$$砂浆净用量 = 1 - 砖净用量 \times 每块砖体积$$

3.5 混凝土及钢筋混凝土工程

3.5.1 混凝土及钢筋混凝土工程项目划分及工作内容

1.混凝土及钢筋混凝土工程项目划分(图 3-76)

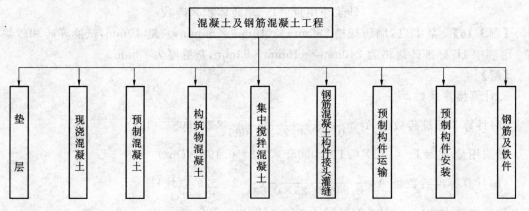

图 3-76 混凝土及钢筋混凝土工程项目划分图

2.项目及工作内容

(1)垫层工作内容

拌和;铺设;找平;夯实;调制砂浆;灌浆。

(2)现浇混凝土

①基础、柱、梁、墙、板及其他构件工作内容:混凝土水平运输;混凝土搅拌、捣固、养护。

②混凝土明沟工作内容:土方;混凝土垫层;砌砖或浇捣混凝土;水泥砂浆面层;清理基层;浇捣混凝土;面层抹灰压实。

(3)预制混凝土

桩、柱、梁、屋架、板及其他构件工作内容:混凝土水平运输;混凝土搅拌、捣固、养护;成品堆放。

（4）构筑物混凝土

出水（油）池、仓池、仓、水塔、倒锥壳水塔、烟囱、筒仓、地沟工作内容：混凝土水平运输；混凝土搅拌、捣固、养护。

（5）集中搅拌混凝土

①混凝土搅拌站工作内容：筛选砂子，砂石运至搅拌点，混凝土搅拌，装运输车。

②混凝土搅拌输送车工作内容：将搅拌好的混凝土在运输中进行搅拌，并送至施工现场自动卸车。

③混凝土泵送工作内容：将搅拌好的混凝土输送到浇灌点，捣固、养护。

（6）钢筋混凝土构件接头灌缝

钢筋混凝土构件接头灌缝工作内容：混凝土水平运输；混凝土搅拌、捣固、养护。

钢筋混凝土板接头灌缝工作内容：清理基层；空心板堵孔；模板制作、安装、拆除；混凝土搅拌、浇捣养护。

（7）预制构件运输工作内容

设置一般支架（垫木条）；装车绑扎、运输；按规定地点卸车堆放、支垫稳固。

（8）预制构件安装

柱、吊车梁、梁、屋架、天窗架、天窗端壁、板安装工作内容：构件翻身、就位、加固、安装、校正、垫实结点、焊接或紧固螺栓。

（9）钢筋及铁件

①现浇构件光圆钢筋、螺纹钢筋、变形钢筋工作内容：钢筋制作、绑扎、安装。

②桩基础钢筋工作内容：钢筋笼制作；场内运输；安装。

③预制构件光圆钢筋工作内容：制作；绑扎；安装；点焊；拼装。

④预制构件螺纹钢筋工作内容：制作；绑扎；安装。

⑤先张法预应力钢筋工作内容：制作；张拉；放张；切断等。

⑥后张法预应力钢筋工作内容：制作；穿筋；张拉；孔道灌浆；锚固；放张；切断等。

⑦后张法预应力钢丝束（钢绞线）工作内容：制作；编束；穿筋；张拉；孔道灌浆等。

⑧铁件及电渣压力焊接工作内容：安装埋设；焊接固定。

3.5.2　定额说明

3.5.2.1　混凝土及钢筋混凝土工程说明

本任务中混凝土按施工方法编制了现场搅拌混凝土、集中搅拌混凝土相应定额子目。集中搅拌混凝土是按混凝土搅拌站、混凝土搅拌输送车及混凝土的泵送机械在施工企业自备的情况下编制的。采用集中搅拌混凝土不分构件名称和规格分别以混凝土输送泵或输送泵车，套用同一泵送混凝土的定额子目。不适用于使用商品混凝土的构件。

1. 混凝土

（1）混凝土的工作内容包括：筛砂子；筛洗石子；后台运输、搅拌；前台运输；清理；润湿模板；浇灌、捣固、养护。

（2）毛石混凝土，系按毛石占混凝土体积 15% 计算的。如设计要求不同时，可以换算。

（3）预制构件厂生产的构件，在混凝土定额项目中考虑了预制厂内构件运输、堆放、码垛、装车运出等的工作内容。

(4)构筑物混凝土按构件选用相应的定额子目。

(5)现浇钢筋混凝土柱、墙定额项目,均按规范、规定综合了底部灌注1∶2水泥砂浆的用量。

(6)混凝土子目中已列出常用强度等级,如与设计要求不同时可以换算。

(7)凡按投影面积或延长米计算的构件,如每平方米或每延长米混凝土的用量(包括混凝土损耗)大于或小于定额混凝土含量在±10%以内时不予调整,超过10%则每增减1m³混凝土,其人工、材料、机械按下列规定另行计算:人工2.62工日,混凝土0.015m³,搅拌机0.1台班,插入式振动器0.2台班。

(8)阳台扶手带花台(花池)另行计算,套零星构件。

(9)阳台栏板如采用砖砌、混凝土漏花(包括大刀片)、金属构件等,均按相应定额分别计算。

(10)钢筋混凝土后浇带按相应构件定额子目执行。

(11)钢筋混凝土垫层按垫层项目执行,其钢筋部分按本章相应项目规定计算。

(12)垫层用于基础垫层时,按相应定额人工乘以1.2系数。地面垫层需分格支模时,按技术措施中的垫层支模定额执行。

2.预制构件运输

(1)本定额适用于由构件堆放场地或构件加工场至施工现场的运输。

(2)本定额按构件的类型和外形尺寸划分为四类(表3-15)。

表3-15 预制混凝土构件分类

类别	项 目
1	4m以内空心板、实心板
2	6m以内的桩、屋面板、工业楼板、进深梁、基础梁、吊车梁、楼梯休息板、楼梯段、阳台板
3	6m以上至14m梁、板、柱、桩及各类屋架、桁架、托架(14m以上另行处理)
4	天窗架、挡风架、侧板、端壁板、天窗上下档、门框及单件体积在0.1m³以内的小构件

(3)本定额综合考虑了城镇、现场运输道路等级、重车上下坡等各种因素,不得因道路条件不同而修改定额。

(4)构件运输过程中,如遇路桥限载(限高)而发生的加固、拓宽等费用及电车线路和公安交通管理部门的保安护送费用,应另行计算。

(5)预制混凝土构件单体长度超过14m、重量超过20t,应另采取措施运输,定额子目不包括,另行计算。

3.预制构件安装

(1)本定额是按单机作业制定的。

(2)本定额是按机械起吊点中心回转半径15m以内的距离计算的。如超出15m时,应另按构件1km运输定额项目执行。

(3)每一工作循环中,均包括机械的必要位移。

(4)本定额分别按履带式起重机、汽车式起重机、塔式起重机编制。

(5)本定额不包括起重机械、运输机械行驶道路的修整、铺垫工作的人工、材料和机械费。

(6)小型构件安装系指单体小于0.1m³的构件安装。

(7)预制混凝土构件若采用砖模制作时,其安装定额中的人工、机械乘以系数1.1。

(8)定额中的塔式起重机、卷扬机台班均已包括在垂直运输机械费定额中。

（9）单层厂房屋盖系统构件必须在跨外安装时,按相应构件安装定额中的人工、机械台班乘系数1.18。使用塔式起重机、卷扬机时,不乘以系数。

4.钢筋

（1）钢筋工程按钢筋的不同品种、不同规格,按现浇构件钢筋、预制构件钢筋、预应力钢筋分别列项。

（2）预应力构件中的非预应力钢筋应分别按现浇或预制钢筋相应项目计算。

（3）绑扎铁丝、成型点焊和接头焊接用的电焊条已综合在定额项目内。

（4）钢筋工程内容包括:制作、绑扎、安装以及浇灌混凝土时维护钢筋用工。

（5）现浇构件钢筋以手工绑扎,预制构件钢筋按手工绑扎、点焊综合考虑,均不换算。

（6）非预应力钢筋冷拉时,延伸长度不计,加工费也不增加。

（7）预应力钢筋如设计要求人工时效处理时,应另行计算。

（8）后张法钢筋的锚固是按钢筋绑条焊、U型插垫编制的,如采用其他方法锚固时,应另行换算。

（9）各种钢筋、铁件的损耗已包括在定额子目中。

（10）本定额中铁件为一般铁件,若设计要求刨光(或车丝或钻眼)者,应按精加工铁件价格计算。

（11）表3-15所列的构件,其钢筋可按表3-16系数调整人工、机械用量。

表3-16 定额中各类构件钢筋人工、机械调整系数

项目	预制钢筋		现浇钢筋		构筑物			
	折线型、薄腹屋架	托架梁	小型构件	小型沟槽	烟囱	水塔	贮仓	
							矩形	圆形
人工、机械调整系数	1.16	1.05	2.00	2.52	1.70	1.70	1.25	1.50

3.5.2.2 混凝土及钢筋混凝土工程内容简介

1.定额结构

（1）混凝土工程

①混凝土垫层;

②现浇混凝土(基础、柱、梁、墙、板、其他);

③预制混凝土(桩、柱、梁、屋架、板、其他);

④构筑物混凝土;

⑤集中搅拌混凝土(混凝土搅拌站、混凝土搅拌输送车、混凝土泵送);

⑥钢筋混凝土构件接头灌缝。

（2）预制构件运输与安装

①预制构件运输;

②预制构件安装。

（3）钢筋及铁件

钢筋及铁件(现浇构件光圆钢筋、现浇构件螺纹钢筋、现浇构件变形钢筋、桩基础钢筋、铁件及电渣压力焊接)。

2.有关概念的解释

（1）桩承台：桩承台是上部结构与群桩之间相联系部分，通过桩承台将群桩连成一体，并将上部结构的荷载传给桩基础。按其受力特点，桩承台可分为独立桩承台和带形桩承台。独立桩承台适用于独立基础；带形桩承台适用于条形基础（图 3-77）。

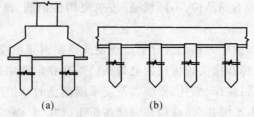

图 3-77　桩承台

(a)独立桩承台；(b)带形桩承台

（2）基础梁：基础梁与地圈梁的区别：凡在柱基之间承受上部墙身荷载而下部无其他承托的梁是基础梁。基础梁与地圈梁的主要区别是地圈梁下有墙或基础作为支撑。在计算模板和混凝土时一定要注意区分（图 3-78）。

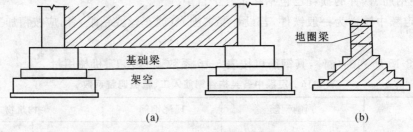

图 3-78　基础梁与地圈梁

(a)基础梁；(b)地圈梁

（3）二次灌浆：通常在混凝土基础顶面为设备（结构）的安装预留地脚螺栓孔（图 3-79），待设备安装后，再用细石混凝土浇灌固定，这种灌注混凝土的做法称为二次灌浆。

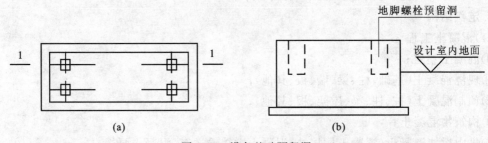

图 3-79　设备基础预留洞

(a)平面图；(b)1—1剖面图

（4）毛石混凝土：就是在混凝土中加入大约 20% 左右的毛石，通常用于基础。

（5）主梁、次梁：按结构受力情况分析，次梁将楼板上的荷载传给主梁，是主梁的分支；主梁承担与其连接的所有次梁传来的荷载，并将荷载传给柱。主梁断面要高于次梁断面［图 3-80 (a)］。

（6）圈梁与过梁：在房屋的檐口、窗顶、楼层或基础顶面标高处，沿砌体水平方向设置封闭的按构造配筋的混凝土梁式构件叫圈梁。过梁是设在洞口顶部承受洞口上部荷载的梁。圈梁通过门窗洞口时，圈梁兼做过梁，长度通常按门窗洞口宽两端各加250mm作为过梁项目计算

（图 3-81）。

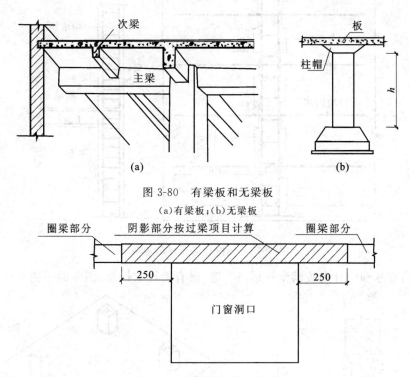

图 3-80 有梁板和无梁板

（a）有梁板；（b）无梁板

图 3-81 圈梁兼过梁示意图

（7）异型梁：是指单梁或连续梁截面为 L、T、十、I 等字形的梁。

（8）单梁、连续梁、矩形梁：单梁和连续梁是两种支撑方式不同的梁的简称，分别是单跨剪支梁和多跨连续梁。单跨有两个支撑点（支撑到墙或柱上），连续梁有两个以上的支撑点。单梁、连续梁从形状上可设计成矩形和异形两种，为了区分，预算定额中不使用矩形梁这个名称。

（9）无梁板：是指不带梁而是用柱直接支撑的钢筋混凝土楼板［图 3-80（b）］。

（10）后浇带：在现浇钢筋混凝土结构施工中，为了克服温度应力、收缩不均产生有害裂缝而设置的临时施工缝叫后浇带。包括板、墙和梁的后浇带。

（11）构造柱马牙槎：构造柱施工通常采用先砌墙后浇筑混凝土的施工方法。砌墙时一般每隔 5 匹砖，留 60mm 缺口与墙体咬接，俗称马牙槎。槎口体积（平均每边按 30mm）计入构造柱体积内（图 3-82 所示）。

（12）零星构件：定额中每个单体积在 0.05m³ 以内的未列项构件都可称为零星构件。

3.5.2.3 混凝土及钢筋混凝土工程量计算规则

1. 一般规则

（1）基础

①基础与墙、柱的划分，均以基础扩大顶面为界。

②有肋式带形基础，肋高与肋宽比在 4∶1 以内的按有肋式带形基础计算；肋高与肋宽之比超过 4∶1 的，其底板按板式带形基础计算，以上部分按墙计算（图 3-83）。

③杯型基础杯口高度小于等于杯口大边长度者按杯型基础计算；杯口高度大于杯口大边长度时按高杯基础计算。

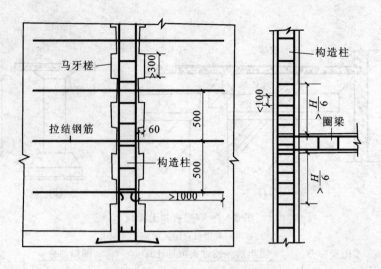

图 3-82 构造柱马牙槎示意图

④箱式满堂基础应分别按满堂基础、柱、墙、梁有关规定计算(图 3-84～图 3-86)。

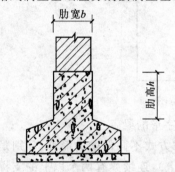

图 3-83 有肋式带形基础示意图

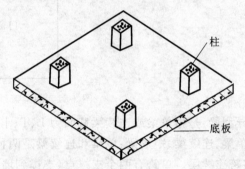

图 3-84 板式(筏形)满堂基础示意图

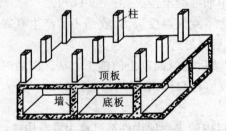

图 3-85 箱式满堂基础示意图

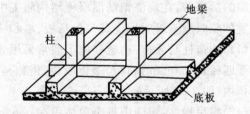

图 3-86 梁板式满堂基础示意图

⑤设备基础除块体外,其他类型设备基础分别按基础、梁、柱、板、墙等有关规定计算。

(2)柱

①有梁板(图 3-87)的柱高按基础上表面至楼板上表面或楼板上表面至上一层楼板上表面计算。

②无梁板(图 3-88)的柱高按基础上表面或楼板上表面至柱帽下表面计算。

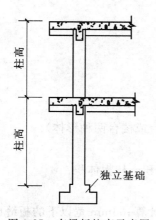
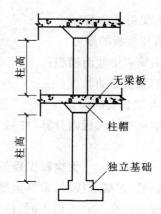

图 3-87 有梁板柱高示意图　　　图 3-88 无梁板柱高示意图

③构造柱按全高计算,嵌接墙体部分并入柱身体积。

④依附柱上的牛腿,并入柱内计算。

⑤附墙柱并入墙内计算。

(3)梁(图 3-89、图 3-90)

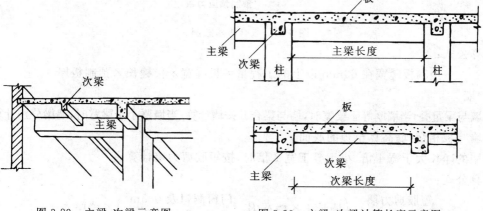

图 3-89 主梁、次梁示意图　　　图 3-90 主梁、次梁计算长度示意图

①梁与柱连接时,梁长算至柱的侧面。

②主梁与次梁连接时,次梁长算至主梁的侧面。

③圈梁与过梁连接时,过梁长度按门窗洞口宽度两边各加 250mm 计算。地圈梁按圈梁定额计算。

④现浇挑梁的悬挑部分按单梁计算,嵌入墙身部分分别按圈梁、过梁计算。

(4)板

①有梁板(包括主梁、次梁与板)工程量按梁、板合并计算。

计算公式:

$$有梁板工程量 = 板体积 + 主梁体积 + 次梁体积$$
$$= V_板 + V_梁$$
$$= S \times \delta + F \times L \times N$$

式中　$V_板$——有梁板板的体积;

　　　$V_梁$——有梁板梁的体积;

S——有梁板板的面积;

δ——有梁板板的厚度;

F——有梁板梁截面面积;

L——有梁板梁的长度;

N——有梁板梁的根数。

②无梁板的柱帽并入板内计算(柱帽一般为圆台或棱台两种形体)。

计算公式:

$$无梁板工程量=板的体积+柱帽体积$$

③平板与圈梁、过梁连接时,板算至梁的侧面。

④预制板缝宽度在 60mm 以上时,按现浇平板计算;60mm 宽以下的板缝已在接头灌缝的定额子目内考虑,不再列项计算。叠合板如图 3-91 所示。

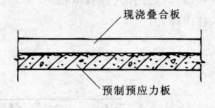

图 3-91　叠合板示意图

计算公式:

$$预制板缝宽在 60mm 以上的工程量=板缝宽×板缝长×预制板厚$$

(5)墙

①墙与梁重叠,当墙厚等于梁宽时,墙与梁合并按墙计算;当墙厚小于梁宽时,墙梁分别计算。

②墙与板相交,墙高算至板的底面。

③墙的净长大于宽 4 倍、小于等于宽 7 倍时,按短肢剪力墙计算。

计算公式:

$$短肢剪力墙的工程量=\left(墙长 L×墙宽 B-\begin{matrix}门窗洞口及 0.3m^2\\以上孔洞面积\end{matrix}\right)×墙厚\delta$$

(6)其他

①带反梁的雨篷(图 3-92)按有梁板定额子目计算。

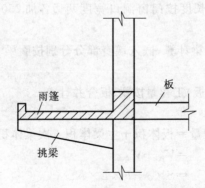

图 3-92　带反梁的雨篷示意图

计算公式:

带反梁雨篷工程量＝反梁的体积＋雨篷板的体积

②小型混凝土构件，系指每件体积在 0.05m³ 以内的未列出定额项目的构件。

③现浇挑檐天沟与板（包括屋面板、楼板）连接时，以外墙为分界线，与圈梁（包括其他梁）连接时，以梁外边线为分界线。外墙外边线或梁外边线以外为挑檐天沟（图 3-93）。

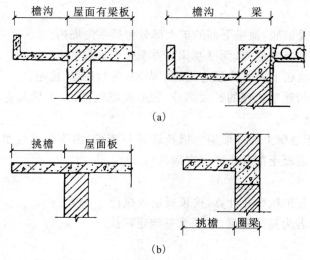

图 3-93 现浇挑檐天沟与板、梁划分
(a)檐沟；(b)挑檐

(7)构筑物

①烟囱

钢筋混凝土烟囱基础包括基础底板和筒座，筒座以上为筒身。

计算公式：

$$烟囱基础工程量＝基础底板体积＋基础筒座体积$$

烟囱筒身工程量＝$\sum$ 每段筒身平均中心直径$(D+d)/2×$筒身壁厚 $C×$每段筒身垂直

高度 h－应扣筒身大于 $0.3m³$ 的孔洞体积＋应加牛腿体积

其中

$$D = (D_1 + D_2)/2 \quad (下口中心直径)$$
$$d = (d_1 + d_2)/2 \quad (上口中心直径)$$

烟囱分段一般以 10m 或 20m 为一段。

②水塔

a.钢筋混凝土筒式塔身以筒座上表面或基础底板上表面为分界线；柱式塔身以柱脚与基础底板或梁交界处为分界线，与基础底板相连接的梁并入基础内计算。

b.筒身与槽底的分界以与槽底相连接的圈梁底为界。圈梁底以上为槽底，以下为筒身。

c.依附于筒身的过梁、雨篷、挑檐等工程量并入筒身工程量内。柱式塔身不分柱、梁，并且不分直柱、斜柱，均合并计算。

d.钢筋混凝土塔顶及槽底的工程量合并计算，塔顶包括顶板和圈梁，槽底包括底板、挑出斜壁和圈梁。

e.槽底不分平底、拱底；塔顶不分锥形、球形，均执行定额。

f. 与塔顶、槽底（或斜壁）相连的圈梁之间的直壁为水箱内、外壁。保温水槽外保护壁为外壁，直接承受水侧压力之水槽壁为内壁，非保温水塔之水槽壁按内壁计算。依附外壁的柱、梁等并入外壁计算。

g. 预制倒圆锥形水塔罐壳组装、提升、就位，按不同容积以座计算。

③贮水（油）池

a. 池底不分平底及锥底，池壁下部的扩大部分包括在池底内。

b. 锥形底应算至壁基梁底面，无壁基梁时算至锥形底坡的上口。

c. 无梁池盖柱自池底上表面算至池盖的下表面，包括柱座、柱帽。

d. 无梁盖应包括与池壁相连的扩大部分；肋形盖应包括主、次梁及盖部分；球形盖应自池壁顶面以上，包括侧梁在内。

e. 沉淀池水槽，指池壁上的环形溢水槽及纵横 U 形槽，但不包括与水槽相连接的矩形梁。矩形梁另按现浇钢筋混凝土部分矩形梁定额执行。

④贮仓

a. 圆形仓顶板梁与顶板合并计算，按顶板定额执行。

b. 圆形仓的基础若为板式基础，按满堂基础定额执行。

⑤地沟

a. 地沟适用于混凝土及钢筋混凝土的现浇无肋地沟的底、壁、顶，不论方形（封闭式）、槽形（开口式）、阶梯形（变截面式）均按本定额计算。

b. 沟壁与底以底板上表面为界；沟壁与顶以顶板的下表面为界。上薄下厚的壁按平均厚度计算；阶梯形的壁按加权平均厚度计算。八字角部分的数量并入沟壁工程内计算。

c. 肋形顶板或预制顶板，另套相应定额项目计算。

2. 混凝土

（1）现浇混凝土

①混凝土工程量除另有规定外，均按图示尺寸以实体体积以立方米计算。不扣除构件内钢筋、预埋铁件及墙、板中 $0.3m^3$ 内的孔洞所占体积。

②柱：按图示断面尺寸乘以柱高以立方米计算。计算公式：

$$V_{柱} = S_{柱断面} \times h_{柱高}$$

③梁：按图示断面尺寸乘以梁长以立方米计算。伸入墙内的梁头、梁垫体积并入梁体积内计算。计算公式：

$$V_{梁} = S_{梁断面} \times L_{梁长}$$

④板：按图示面积乘以板厚以立方米计算。各类板伸入墙内的板头并入板体积内计算。计算公式：

$$V_{板} = S_{板面积} \times \delta_{墙厚}$$

⑤墙：外墙按中心线长度、内墙按净长乘以墙高及厚度以立方米计算，应扣除门洞口及 $0.3m^3$ 以上孔洞的体积。计算公式：

$$V_{墙} = L_{墙中线长} \times h_{墙高} \times \delta_{墙厚}$$

⑥整体楼梯包括休息平台、平台梁、斜梁及楼梯的连接梁，按水平投影面积计算，不扣除宽度小于 500mm 的楼梯井面积，伸入墙内部分不另增加。楼梯与楼板连接时，楼梯算至楼梯梁外侧面。计算公式：

$$S_{整体楼梯} = S_{水平投影面积} \quad (不扣除宽度小于500mm的梯井面积)$$

圆形楼梯按悬挑楼梯间水平投影面积计算(不包括中心柱面积)

计算公式：

$$S_{圆形楼梯} = S_{悬挑楼梯间水平投影面积(不包括中心柱面积)}$$

⑦阳台、雨篷(悬挑板)，按伸出外墙的水平投影面积计算，伸出外墙的牛腿、封口梁不另计算。带反梁的雨篷按展开面积并入雨篷内计算。计算公式：

$$S_{阳台、雨篷} = S_{伸出外墙的水平投影面积(伸出外墙的牛腿、封口梁不另计)}$$

⑧扶手按延长米计算。栏板按长度(包括伸入墙内的长度)乘截面面积以立方米计算。

⑨台阶按图示尺寸以投影面积计算。

⑩预制钢筋混凝土框架柱现浇接头(包括梁接头)按设计规定断面面积乘以长度以立方米计算。计算公式：

$$V_{接头} = S_{设计规定断面} \times 长度$$

⑪坡度大于等于1:4(20°34′)的斜板屋面，混凝土浇捣人工乘以系数1.25。

(2)预制混凝土

①混凝土工程量均按图示尺寸实体积以立方米计算，不扣除构件内钢筋、铁件、后张法预应力钢筋灌缝孔及0.3m³以内孔洞所占体积。

②预制桩按桩全长(包括桩尖)乘以桩断面面积以立方米计算。预制桩尖按实体积计算。计算公式：

$$V_{预制桩} = L_{桩长(包括接头)} \times S_{桩断面}$$

③混凝土与钢杆件组成的构件，混凝土部分按构件实体积以立方米计算，钢构件按金属结构定额以吨计算。

(3)构筑物

①构筑物混凝土除另有规定者外，均按图示尺寸扣除门窗洞口及0.3m³以上孔洞所占体积以实体积计算。

②贮水池不分平底、锥底、坡底均按池底计算，壁基梁、池壁不分圆形壁和矩形壁，均按池壁计算，其他项目均按现浇混凝土部分相应项目计算。

③贮仓如由柱支撑，其柱与基础按现浇混凝土相应项目计算。

④水塔筒式塔身和柱式塔身计算规定：依附于筒身的过梁、雨篷挑檐等并入筒身体积内计算；柱式塔身的柱、梁合并计算。

⑤水塔或倒锥壳水塔、烟囱基础等构筑物，定额中没有的项目，均按现浇混凝土部分相应或相近项目计算。

3.钢筋混凝土构件接头灌缝

(1)钢筋混凝土构件接头灌缝，包括构件座浆、灌缝、堵板孔、塞板梁缝等，均按钢筋混凝土构件实体积以立方米计算。

(2)柱与柱基的灌缝，按首层柱体积计算；首层以上柱灌缝按各层柱体积计算。

(3)空心板堵塞端头孔的人工、材料，已包括在定额内。

4.预制混凝土构件运输及安装

(1)构件运输及安装均按构件图示尺寸，以实体积计算。

(2)构件运输的最大运输距离取50km。

(3)加气混凝土板(块)、硅酸盐块运输每立方米折合钢筋混凝土构件体积 0.4m³,并按一类构件运输计算。

(4)预制花格板按其外围面积(不扣除孔洞)乘以厚度以立方米计算,执行小型构件定额。

(5)预制钢筋混凝土工字型柱、矩形柱、空腹柱、双肢柱、空心柱、管道支架安装,均按柱安装计算。

(6)组合屋架安装以混凝土部分实体体积计算,钢杆件部分不另计算。

(7)预制钢筋混凝土多层柱安装的首层柱按柱安装计算,二层及二层以上柱按接柱计算。

5.钢筋

(1)钢筋工程,应区别现浇、预制构件、不同钢种和规格,分别按设计长度乘以单位重量,以吨计算。

(2)计算钢筋工程量时,钢筋的接头,设计已规定钢筋搭接长度的,按规定搭接长度计算;设计未规定搭接长度的,钢筋直径在 10mm 以内的,不计算搭接长度;钢筋直径在 10mm 以上的,当单个构件的单根钢筋设计长度大于 8m 时,按每 8m 长增加一个搭接长度计算在钢筋用量内,其搭接长度按 11G 系列平法图集选用计算。钢筋电渣压力焊接接头以个计算。

(3)坡度大于 1∶4(20°34′)的斜坡屋面,钢筋制安工日乘以系数 1.25。

(4)先张法预应力钢筋按构件外形尺寸计算长度,后张法预应力钢筋按设计图纸规定的预应力钢筋预留孔道长度,并区别不同的锚具类型,分别按下列规定计算:

①低合金钢筋两端采用螺杆锚具时,预应力的钢筋按预留孔道长度减 0.35m,螺杆另行计算。

计算公式:

$$预应力筋长 = 孔道长 - 0.35m \quad (螺杆另计)$$

②低合金钢筋一端采用镦头插片,另一端采用螺杆锚具时,预应力钢筋长度按预留孔道长度计算,螺杆另行计算。

计算公式:

$$预应力筋长 = 孔道长 \quad (螺杆另计)$$

③低合金钢筋一端采用镦头插片,另一端采用绑条锚具时,预应力钢筋增加 0.15m 计算;两端均采用绑条锚具时,预应力钢筋共增加 0.35m 计算。

计算公式:

$$预应力筋长 = 孔道长 + 0.15m \quad (一端镦头插片、一端绑条锚具)$$
$$预应力筋长 = 孔道长 + 0.35m \quad (两端均采用绑条锚具)$$

④低合金钢筋采用后张法混凝土自锚时,预应力钢筋长度增加 0.35m 计算。

计算公式:

$$预应力筋长 = 孔道长 + 0.35m$$

⑤低合金钢筋或钢绞线采用 JM、XM、QM 型锚具,孔道长度在 20m 以内时,预应力钢筋长度增加 1m;孔道长度在 20m 以上时,预应力钢筋长度增加 1.8m 计算。

计算公式:

$$预应力筋长 = 孔道长 + 1.0m \quad (孔道长 \leqslant 20m 时)$$
$$预应力筋长 = 孔道长 + 1.8m \quad (孔道长 > 20m 时)$$

⑥碳素钢丝采用锥形锚具,孔道长在 20m 以内时,预应力钢筋长度增加 1m;孔道长在 20m 以上时,预应力钢筋长度增加 1.8m。

计算公式：

$$预应力筋长＝孔道长＋1.0m \quad （孔道长≤20m时）$$
$$预应力筋长＝孔道长＋1.8m \quad （孔道长＞20m时）$$

⑦碳素钢丝两端采用镦粗头时,预应力钢筋长度增加 0.35m。

计算公式：

$$预应力筋长＝孔道长＋0.35m$$

(5)后张法预制钢筋项目内已包括孔道灌浆,实际孔道长度和直径与定额不同时不作调整,按定额执行。

(6)钢筋笼制作、安装,适用各类灌注桩,按重量以吨计算。

(7)钢筋混凝土护壁钢筋适用于人工挖孔桩,按重量以吨计算。

(8)钢筋混凝土构件中的预埋铁件工程量,按设计图示尺寸以吨计算。预制钢筋混凝土桩上的钢牛腿亦按铁件计算。

(9)固定预埋螺栓、铁件的支架,固定双层钢筋的铁马凳、垫铁件,按审定的施工组织设计规定计算,套用铁件项目。混凝土中的钢筋支架及撑筋,并入钢筋中计算。

3.5.2.4　计算实例

【例3-17】　根据图 3-94 计算 3 个钢筋混凝土独立柱基工程量。

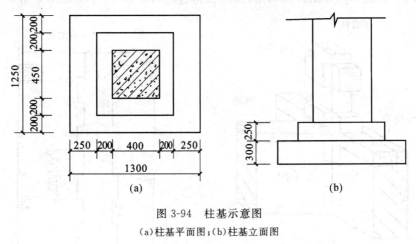

图 3-94　柱基示意图

(a)柱基平面图;(b)柱基立面图

【解】

$$V ＝[1.30×1.25×0.30＋(0.2＋0.4＋0.2)×(0.2＋0.45＋0.2)×0.25]×3$$
$$＝(0.488＋0.170)×3$$
$$＝1.97 \quad (m^3)$$

【例3-18】　根据图 3-95 计算现浇钢筋混凝土杯形基础工程量。

【解】

$$V ＝下部立方体＋中部棱台体＋上部立方体－杯口空心棱台体$$
$$＝1.65×1.75×0.30＋\frac{1}{3}×0.15×$$
$$\left[1.65×1.75＋0.95×1.05＋\sqrt{(1.65×1.75)×(0.95×1.05)}\right]＋$$
$$0.95×1.05×0.35－\frac{1}{3}×(0.8－0.2)×$$

$$[0.4\times0.5+0.55\times0.45+\sqrt{(0.4\times0.5)\times(0.55\times0.65)}]$$
$$=0.866+0.279+0.349-0.165$$
$$=1.33\quad(m^3)$$

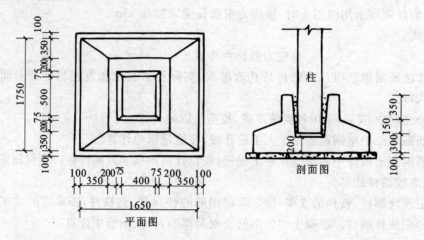

图 3-95　杯形基础

【例3-19】　根据下列数据计算构造柱体积。构造柱的形状、尺寸示意图见图 3-96～图3-98。

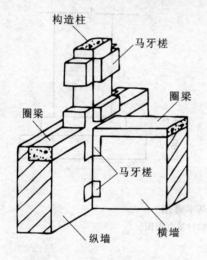

图 3-96　构造柱与砖墙嵌接部分

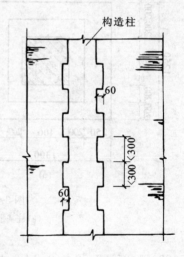

图 3-97　构造柱立面示意图

构造柱体积计算公式：
$$V=构造柱高\times(0.24\times0.24+0.03\times0.24\times马牙槎边数)$$

90°转角形接头：墙厚 240mm，柱高 12.0m。

T 形接头：墙厚 240mm，柱高 15.0m。

十字形接头：墙厚 365mm，柱高 18.0m。

一字形接头：墙厚 240mm，柱高 9.5m。

【解】

(1)90°转角形接头

$$V=12.0\times(0.24\times0.24+0.03\times0.24\times2)=0.864\quad(m^3)$$

（2）T形接头

$V=15.0\times(0.24\times0.24+0.03\times0.24\times3)=1.188$ （m³）

（3）十字形接头

$V=18.0\times(0.365\times0.365+0.03\times0.365\times4)=3.186$ （m³）

（4）一字形接头

$V=9.5\times(0.24\times0.24+0.03\times0.24\times2)=0.684$ （m³）

小计：$0.864+1.188+3.186+0.684=5.92$ （m³）

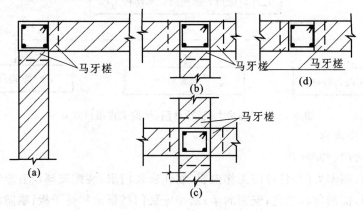

图 3-98 不同平面形状构造柱示意图

（a）90°转角形接头；（b）T形接头；（c）十字形接头；（d）一字形接头

【例3-20】 某工程现浇钢筋混凝土楼梯（图 3-99），包括休息平台和平台梁，试计算该楼梯工程量（建筑物四层，共三层楼梯）。

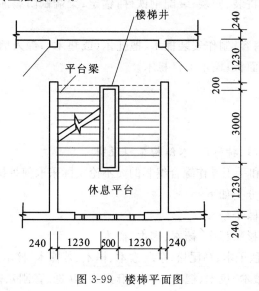

图 3-99 楼梯平面图

【解】

$S=(1.23+0.50+1.23)\times(1.23+3.00+0.20)\times3$

$=2.96\times4.43\times3$

$=13.113\times3$

$=39.34$ （m²）

3.6 厂库房大门、特种门、木结构工程

3.6.1 厂库房大门、特种门、木结构工程项目划分及工作内容

1.厂库房大门、特种门、木结构工程项目划分(图 3-100)

图 3-100 厂库房大门、特种门、结构工程项目划分图

2.项目及工作内容

(1)厂库房大门、特种门

①木板大门、钢木大门、特种门工作内容:制作安装门扇;装配玻璃及五金零件;固定铁脚;制作安装便门扇;铺油毡和毛毡;安密封条;制作安装门挡框架和筒子板;刷防腐油。

②全板钢大门、围墙钢大门工作内容:放样;划线;裁料;平直;钻孔;拼装;成品校正;刷防锈漆及成品堆放。

(2)木屋架工作内容

木材部分屋架制作、拼装、安装;装配钢铁件;锚定;梁端刷防腐油。

(3)木构件

①屋面木基层工作内容:制作安装檩木、檩托木(或垫木);深入墙内部分及垫木刷防腐油;屋面板制作;檩木上钉屋面板;檩木上钉椽木。

②木楼梯。(略)

3.6.2 定额说明

3.6.2.1 厂库房大门、特种门、木结构工程说明

(1)本定额是按机械和手工操作综合编制的。不论实际采取何种操作方法,均按定额执行。

(2)本定额木材木种分类如下。

一类:红松、水桐木、樟子松。

二类:白松(方杉、冷杉)、杉木、杨木、柳木、椴木。

三类:青松、黄花松、秋子木、马尾松、东北榆木、柏木、苦楝木、梓木、黄菠萝、椿木、楠木、柚木。

四类:栎木(柞木)、檀木、色木、槐木、荔木、麻栗木(麻栎、青刚)、桦木、荷木、承曲柳、榆木。

(3)本章木材木种均以一、二类木种为准,如采用三、四类木种时,分别乘以下列系数:木门窗制作,按相应项目人工和机械乘以系数 1.3;木门窗安装,按相应项目的人工和机械乘以系数 1.16;其他项目按相应项目人工和机械乘以系数 1.35。

(4)定额中木材是以自然干燥条件下含水率为准编制的,需人工干燥时,其费用另行计算。

(5)本定额板材、方材规格,分类如表 3-17 所示。

表 3-17　定额中板材、方材规格分类表

项目	按宽厚尺寸比例分类	按板材厚度,方材宽、厚乘积分类			
板材	宽≥3×厚	名称	薄板	中板	厚板	特厚板
		厚度(mm)	≤18	19～35	36～65	≥66
方材	宽<3×厚	名称	小方	中方	大方	特大方
		宽×厚(cm²)	≤54	55～100	101～225	≥226

(6)定额中所注明的木材断面或厚度均以毛料为准。如设计图纸注明的断面或厚度为净料时,应增加刨光损耗,板材、方材一面刨光增加 3mm;两面刨光增加 5mm;圆木每立方米材积增加 0.05m³。

(7)弹簧门、厂库房大门、钢木大门及其他特种门,定额所附五金铁件表均按标准图用量计算列出,仅作备料参考。

(8)保温门的填充料与定额不同时,可以换算,其他工料不变。

(9)厂库房大门及特种门的钢骨架制作,以钢材重量表示,已包括在定额项目中,不再另列项目计算。

(10)厂库房大门、钢木门及其他特种门按扇制作、按扇安装分别列项计算。

(11)钢门的钢材含量与定额不同时,钢材用量可以换算,其他不变。

(12)本章门不论现场制作或附属加工厂制作,均执行本定额,现场外制作点至安装地点的运输费用应另行计算。

(13)木结构有防火、防蛀虫等要求时,按《装饰定额》相应子目执行。

3.6.2.2　厂库房大门、特种门、木结构工程工程量计算规则

(1)厂库房大门、特种门制作安装均按洞口面积以平方米计算。

(2)木屋架的制作安装工程量按以下规定计算:

①木屋架制作安装均按设计断面竣工木料以立方米计算,其后备长度及配制损耗均不另行计算。附属于屋架的夹板、垫木等已并入相应的屋架制作项目中,不另行计算;与屋架连接的挑檐木、支撑等,其工程量并入屋架竣工木料体积内计算。

②屋架的制作安装应区别不同跨度,其跨度应以屋架上下弦杆的中心线交点之间的长度为准。带气楼的屋架并入所依附屋架的体积内计算。

③屋架的马尾、折角和正交部分半屋架,应并入相连接屋架的体积内计算。

④钢木屋架区分圆木、方木,按竣工木料以立方米计算。

(3)圆木屋架连接的挑檐木、支撑等如为方木时,其方木部分应乘以系数 1.7 折合成圆木并入屋架竣工木料内,单独的方木挑檐按矩形檩木计算。

(4)檩木按竣工木料以立方米计算。简支檩长度按设计规定计算,如设计无规定者,按屋架或山墙中距增加 200mm 计算,如两端出山,檩条长度算至博风板;连续檩条的长度按设计长度计算,其接头长度按全部连续檩木总体积的 5%计算。檩条托木已计入相应檩木制作安装项目中,不另计算。

(5)屋面木基层(图 3-101)按屋面的斜面积计算。天窗挑檐重叠部分按设计规定计算,屋面烟囱及斜沟部分所占面积不扣除。

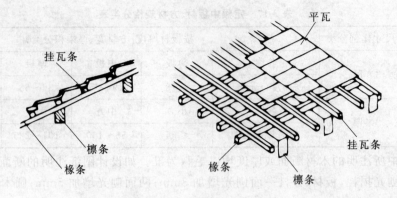

图 3-101　屋面木基层示意图

（6）封檐板按图示檐口外围长度计算，博风板按斜长度计算，每个大刀头增加长度 500mm（图 3-102、图 3-103）。

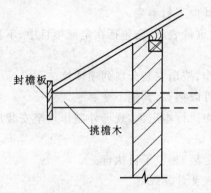

图 3-102　挑檐木、封檐板示意图

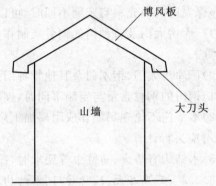

图 3-103　博风板、大刀头示意图

（7）木楼梯按水平投影面积计算，不扣除宽度小于 300mm 的楼梯井，定额中包括踏步板、踢脚板、休息平台和伸入墙内部分的工料。但未包括楼梯及平台底面的钉天棚，其天棚工程量以楼梯投影面积乘以系数 1.1，按相应天棚面层计算。

3.7　金属结构工程

3.7.1　金属结构工程项目划分及工作内容

金属结构工程项目划分如图 3-104 所示。

图 3-104　金属结构工程项目划分图

3.7.2 定额说明

3.7.2.1 金属结构工程说明

1. 金属结构制作

(1)本定额适用于一般现场加工制作,也适用于企业附属加工厂制作的构件。

(2)本定额的构件制作,均按焊接编制。

(3)构件制作,包括分段制作和整体预装配的人工、材料及机械台班的用量。整体预装配使用的螺栓及锚固杆用的螺栓,已包括在定额内。

(4)本定额除注明者外,均包括现场内(工厂内)的材料运输、号料、加工、组装及成品堆放等全部工序。

(5)本定额未包括加工点至安装点的构件运输,发生时按本章构件运输定额相应项目计算。

(6)本定额构件制作项目中,均已包括刷一遍防锈漆的工料。

(7)钢系杆钢筋混凝土组合屋架钢拉杆按屋架钢支撑计算。

(8)H型钢制作项目适用于钢板焊接成H形状的钢构件半成品加工件。

(9)钢梁项目按钢制动梁项目计算,钢支架项目按钢屋架十字支撑计算。

(10)铁栏杆制作,仅适用于工业厂房中平台、操作台的钢栏杆。民用建筑中铁栏杆等按《装饰定额》有关项目计算。

(11)金属结构构件无损探伤检验按《安装定额》中的定额项目计算。

2. 金属结构构件运输

(1)本定额适用于由构件堆放场地或构件加工厂至施工现场的运输。

(2)本定额按构件的类型和外形尺寸分为三类(表3-18)。

(3)本定额综合考虑了城镇、现场运输道路等级、重车上下坡等各种因素,不得因道路条件不同而修改定额。

(4)构件运输过程中,如遇路桥限载(限高)而发生的加固、拓宽等费用及电车线路和公安交通管理部门的保安护送费用,应另行处理。

表3-18 金属结构构件分类

类别	项　　目
1	钢柱、屋架、托架梁、防风桁架
2	吊车梁、制动梁、型钢檩条、钢支撑、上下档、钢拉杆栏杆、盖板、垃圾出灰门、倒灰门、笆子、爬梯、零星构件平台、操作台、走道休息台、扶梯、钢吊车梯台、烟囱紧固箍
3	墙架、挡风架、天窗架、组合檩条、轻型屋架、滚动支架、悬挂支架、管道支架

3. 金属结构安装

(1)本定额是按单机作业制定的。

(2)本定额是按机械起吊点中心回转半径15m以内的距离计算的。如超出15m,应另按构件1km运输定额项目执行。

(3)每一工作循环中,均包括机械的必要位移。

(4)本定额分别按履带式起重机、汽车式起重机、塔式起重机编制的。

(5)本定额不包括起重机械、运输机械行驶道路的修整、铺垫工作的人工、材料和机械费。

(6)定额内未包括金属构件拼装和安装所需的连接螺栓,连接螺栓已包括在金属结构制作相应定额内。

(7)钢屋架单榀重量在1t以下者,按轻钢屋架定额计算。

(8)钢屋架、天窗架安装定额中不包括拼装工序,如需拼装时,按拼装定额项目计算。

(9)定额中的塔式起重机、卷扬机台班均已包括在垂直运输机械费用定额中。

(10)单层厂房屋盖系统构件必须在跨外安装时,按相应构件安装定额中的人工、机械台班乘以系数1.08。使用塔式起重机、卷扬机时,不乘此系数。

(11)钢柱安装在混凝土柱上,其人工、机械乘以系数1.43。

(12)钢构件安装的螺栓均为普通螺栓,若使用其他螺栓时,应按有关规定进行调整。

(13)钢网架安装用的满堂脚手架、钢网架的油漆,另按有关分部规定执行。

(14)钢网架是按在满堂脚手架上安装考虑的,若采用整体吊装时,可另行补充。

3.7.2.2　金属结构工程工程量计算规则

(1)金属结构制作

①金属结构制作按图示钢材尺寸以吨计算,不扣除孔眼、切边的重量,焊条、铆钉、螺栓等重量,已包括在定额内不另计算。在计算不规则或多边形钢板重量时,均按外接矩形面积计算。

②制动梁的制作工程量,包括制动梁、制动桁架、制动板重量;墙架的制作工程量,包括墙架柱、墙架及连接柱杆重量;钢柱制作工程量,包括依附在柱上的牛腿及悬臂梁。

③实腹柱、吊车梁、H型钢按图示尺寸计算,其中腹板及翼板宽度按每边增加25mm计算。

(2)金属结构构件运输及安装工程量

同金属结构制作工程量。

3.8　屋面及防水工程

3.8.1　屋面及防水工程项目划分及工作内容

1.屋面及防水工程项目划分(图3-105)

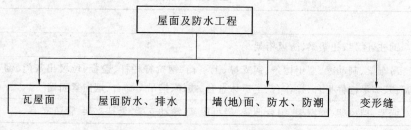

图3-105　层面及防水工程项目划分图

2.项目及工作内容

(1)瓦屋面

①水泥瓦屋面工作内容:铺瓦;调制砂浆;安脊瓦;檐口梢头坐灰。

②石棉瓦屋面工作内容:檩条上铺钉石棉瓦;安脊瓦。

③彩瓦屋面工作内容:切割;铺瓦;调运砂浆;安装脊瓦(件);钻孔固定封檐瓦;色浆密缝。

④铁皮屋面工作内容:铁皮的截料、制作、铺设、咬口;固定铁皮带和折合缝;瓦垄铁皮的钻

孔、稳固、上螺丝及安装脊瓦等。

⑤波形瓦屋面工作内容:铺瓦;钻孔;固定;安脊瓦;锯铺玻璃钢瓦、石棉瓦;安屋脊;场内运输;选料;弹线;配板;切割;支座固定;彩板槽铝、角铝安装;打胶;堵头;收口防腐。

⑥金属压型板屋面工作内容:构件变形修理;临时加固;吊装;就位;找正;螺栓固定。

(2)屋面防水、排水

①卷材屋面

a.油毡屋面工作内容:熬制沥青玛琋脂;配置冷底子油;刷冷底子油;贴附加层;铺贴卷材收头。

b.高分子卷材屋面工作内容:清理基层;找平层分格缝嵌油膏;防水薄弱处铺贴附加层;刷底胶;铺贴卷材;接缝嵌油膏;做收头。

c.防水柔毡工作内容:清扫基层;熔化黏胶;涂刷黏胶;铺贴柔毡;收头铺撒白石子保护层。

d.聚氯乙烯防水卷材工作内容:聚氯乙烯卷材铝合金压条项目要清理基层;铺卷材;钉压条;射钉上嵌密封膏收头。

e.聚乙烯丙纶复合卷材工作内容:找平层嵌缝;防水薄弱处铺贴附加层;用掺胶水泥浆贴卷材;聚氨酯胶接缝搭接。

f.SBS/APP/PVC卷材工作内容:清理基层;刷基底处理剂;铺贴卷材附加层;收头顶压条;撒砂保护层。

②涂膜屋面

a.屋面满涂油膏工作内容:油膏加热;屋面满涂油膏。

b.板嵌缝工作内容:油膏加热;板缝嵌油膏。

c.塑料油膏玻璃纤维布工作内容:刷冷底子油;找平层分格缝嵌油膏;贴防水附加层;铺贴玻璃纤维布;表面撒粒砂保护层。

d.屋面分格缝工作内容:支座处铺油毡一层;清理缝;熬制油膏;油膏灌缝;沿缝上做二毡三油一砂。

e.塑料油膏贴玻璃布盖缝工作内容:熬制油膏;油膏灌缝;缝上铺贴玻璃纤维布;涂刷聚氨酯底胶;刷聚氨酯防水层两遍,并撒石渣做保护层。

f.镇水粉隔离层工作内容:清理基层;调配砂浆;铺砂浆养护;筛铺镇水粉;铺隔离纸。

g.冷刷底胶工作内容:做一布一涂附加层于防水薄弱处;冷胶贴聚酯布防水层;表层撒细砂保护层。

③屋面排水

a.铁皮排水工作内容:铁皮截料;制作安装。

b.铸铁水落管工作内容:包括切管;埋管卡;安水管;合灰捻口。

c.铸铁雨水口工作内容:就位;安装。

d.单屋面排水管系统工作内容:埋设管卡箍;截管;涂胶;接口。

e.屋面阳台雨水管系统工作内容:埋设管卡箍;截管;涂胶;安三通、伸缩节、管等。

(3)墙(地)面防水、防潮

①防水砂浆工作内容:清理基层;调制砂浆;抹水泥砂浆。

②卷材防水工作内容:

玛琋脂卷材:配制涂刷冷底子油;熬制玛琋脂;防水薄弱处贴附加层;铺贴玛琋脂卷材。

沥青卷材:配置涂刷冷底子油;熬沥青;防水薄弱处贴附加层;铺贴沥青卷材。

玛碲脂玻璃纤维布:基层清理;配置、涂刷冷底子油;熬制玛碲脂;防水薄弱处贴附加层;铺贴玛碲脂玻璃纤维布。

③涂膜防水工作内容:清理基层;熬制防水材料;刷涂料。

(4)变形缝

①填缝工作内容:

油浸麻丝:熬制沥青;调配沥青麻丝;填塞沥青麻丝。

油浸木丝板:熬沥青;浸木丝板;油浸木丝板嵌缝。

玛碲脂:熬玛碲脂;玛碲脂灌缝。

石灰麻刀:调制石灰麻刀;石灰麻刀嵌缝;缝上贴二毡二油条一层。

建筑油膏、沥青砂浆:熬制油膏、沥青;拌和沥青砂浆;沥青砂浆或建筑油膏嵌缝。

②盖缝工作内容:盖缝板材质加工和安装。

3.8.2 定额说明

3.8.2.1 屋面及防水工程说明

(1)水泥瓦、黏土瓦、英红彩瓦、石棉瓦、玻璃钢波形瓦等,其规格与定额不同时,瓦材数量可以换算,其他不变。

(2)防水工程量适用于基础、墙身、楼地面、构筑物的防水、防潮工程。

(3)卷材屋面、防水卷材的附加层,接缝、收头、找平的嵌缝、冷底子油已计入定额内。若设计附加层用量与定额含量不同时,可按实际调整附加层及黏结材料用量,其他材料及人工不变。子目附注在注明的附加层卷材未包括损耗,其损耗率为1%,黏结材料包括损耗。

(4)三元乙丙丁基橡胶卷材屋面防水,按相应三元乙丙丁基橡胶卷材屋面防水项目计算。

(5)涂膜防水项目中的"二布三涂",其"三涂"是指涂料构成防水层数并非指涂刷遍数。

(6)变形缝填缝:建筑油膏、聚氯乙烯胶泥断面取定 3cm×2cm;油浸木丝板断面取定为2.5cm×15cm;紫铜板止水带为2mm厚,展开宽5cm;氯丁橡胶宽30cm,涂刷式氯丁胶贴玻璃止水片宽5cm。其余断面均为15cm×3cm。如设计断面不同时,用料可以换算,人工不变。

(7)屋面砂浆找平层、面层按《装饰定额》楼地面相应项目计算。

3.8.2.2 屋面及防水工程工程量计算规则

(1)瓦屋面、金属压型板(包括挑檐部分)均按图示尺寸以水平投影面积乘以屋面坡度系数,以平方米计算。不扣除房上烟囱、风帽底座、屋面小气窗和斜沟等所占面积。屋面小气窗的出檐与屋面重叠部分亦不增加,但天窗出檐部分重叠的面积并入相应屋面工程量内。

(2)卷材屋面工程量按图示尺寸以水平投影面积乘以规定的坡度系数,以平方米计算,不扣除房上烟囱、风帽底座、风道、斜沟等所占面积,屋面的女儿墙、伸缩缝、天窗等处的弯起部分及天窗出檐与屋面重叠部分(图3-106、图3-107),按图示尺寸并入屋面工程量内计算。如图纸无规定时,伸缩缝、女儿墙的弯起部分可以按250mm计算,天窗弯起部分可按500mm计算。

(3)涂膜屋面的工程量计算同卷材屋面。涂膜屋面的油膏嵌缝、玻璃布盖缝、屋面分格缝,以延长米计算。

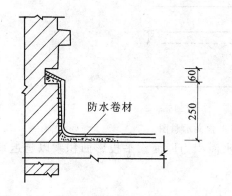
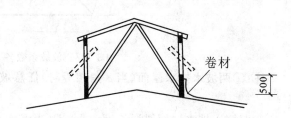

图 3-106　屋面女儿墙防水卷材弯起示意图　　　　图 3-107　卷材屋面天窗弯起部分示意图

（4）屋面排水工程量按以下规定计算。

①铁皮排水按图示尺寸以展开面积计算，如图没有注明尺寸，可按表 3-19 计算。咬口和搭接等已计入定额项目中，不另计算。

表 3-19　铁皮排水单体零件折算表

名称		水落管(m)	檐沟(m)	水斗(个)	漏斗(个)	下水口(个)		
铁皮排水	水落管,檐沟,水斗,漏斗,下水口	0.32	0.30	0.40	0.16	0.45		
	天沟、斜沟、天窗、窗台泛水,天窗侧面泛水,烟囱泛水,通气管泛水,滴水檐头泛水,滴水	天沟(m)	斜沟、天窗、窗台泛水(m)	烟囱泛水(m)	通气管泛水(m)	滴水檐头泛水(m)	天窗侧面泛水(m)	滴水(m)
		1.30	0.50	0.80	0.22	0.24	0.70	0.11

②铸铁、PVC 水落管区别不同直径按图示尺寸以延长米计算,雨水口、水斗、弯头以个计算,PVC 阳台排水管以组计算。

（5）防水工程工程量按以下规定计算。

①建筑物地面防水、防潮层,按主墙间净空面积计算,扣除凸出地面的构筑物、设备基础等所占的面积,不扣除柱、垛、间壁墙、烟囱及 0.3m² 以内孔洞所占体积。与墙面连接处高度在 500mm 以内者按展开面积计算,并入平面工程量内;超过 500mm 时,按立面防水层计算。

②建筑物墙基防水、防潮层,外墙按中心线长度、内墙按净长乘以宽度以平方米计算。

③构筑物及建筑物地下室防水层,按实铺面积计算,但不扣除 0.3m² 以内的孔洞面积。平面与立面交接处的防水层,其上卷高度超过 500mm 时,按立面防水层计算。

④变形缝按延长米计算。

（6）屋面检查孔以块计算。

（7）屋面坡度系数。

利用坡度系数来计算坡屋面工程量是一种简便有效的计算方法。坡度系数的计算方法是：

$$坡度系数＝斜长/水平长＝\sec\alpha$$

屋面坡度系数见表 3-20 和图 3-108。

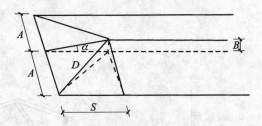

图 3-108 放坡系数各字母含义示意图

注:①两坡水排水屋面(当 α 角相等时)任意坡水面积为屋面水平投影面积乘以延迟系数 C;

②四坡水排水屋面斜脊长度=A×D(当 S=A 时);

③沿山墙泛水长度=A×C。

表 3-20 屋面坡度系数

坡度 B(A=1)	坡度 B/2A	坡度角度(α)	延迟系数 C(A=1)	隅延迟系数 D(A=1)
1	1/2	45°	1.4142	1.7321
0.75	—	36°52′	1.2500	1.6008
0.70	—	35°	1.2207	1.5779
0.666	1/32	33°40′	1.2015	1.5620
0.65	—	33°01′	1.1926	1.5564
0.60	—	30°58′	1.1662	1.5362
0.577	—	30°	1.1547	1.5270
0.55	—	28°49′	1.1413	1.5170
0.50	1/4	26°34′	1.1180	1.5000
0.45	—	26°14′	1.0966	1.4839
0.40	1/5	21°48′	1.0770	1.4697
0.35	—	19°17″	1.0594	1.4569
0.3	—	16°42′	1.0440	1.4457
0.25	—	14°02′	1.0308	1.4362
0.2	1/10	11°19′	1.0198	1.4283
0.15	—	8°32′	1.0112	1.4221
0.125	—	7°08′	1.0078	1.4191
0.10	1/20	5°42′	1.0050	1.4177
0.083	—	4°45′	1.0035	1.4166
0.066	1/30	3°49′	1.0022	1.4157

3.8.3 计算实例

【例 3-21】 根据图 3-109 图示尺寸,计算四坡水屋面工程量。

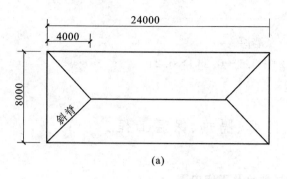

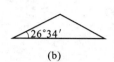

图 3-109　四坡水屋面示意图

(a)平面;(b)立面

【解】

S ＝水平面积×延迟系数 C

$\quad$ ＝8.0×24.0×1.118

$\quad$ ＝214.66　（m²）

【例3-22】　据图 3-109 中有关数据,计算屋面斜脊的长度。

【解】

屋面斜脊的长度＝跨长×0.5×隔延迟系数 D ×4

$\quad\quad\quad\quad\quad$ ＝8.0×0.5×1.50×4

$\quad\quad\quad\quad\quad$ ＝24.0　（m）

【例3-23】　根据图 3-110 的图示尺寸,计算六坡屋面的斜面面积。

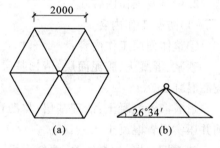

图 3-110　六坡水屋面示意图

(a)平面;(b)立面

【解】

屋面斜面面积＝水平面积×延迟系数 C

$\quad\quad\quad\quad\quad = \dfrac{3}{2} \times \sqrt{3} \times (2.0)^2 \times 1.118$

$\quad\quad\quad\quad\quad = 10.39 \times 1.118 = 11.62$ 　（m²）

【例3-24】　根据图 3-111 有关数据,计算墙基水泥砂浆防潮层工程量（墙厚均为240mm）。

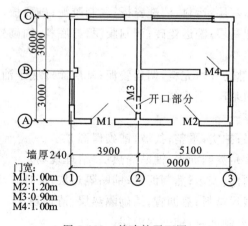

图 3-111　某建筑平面图

【解】

S =(外墙中心线长+内墙净长)×墙厚

= [(6.0+9.0)×2+6.0−0.24+5.1−0.24]×0.24

= 40.62×0.24=9.75 （m²）

3.9 防腐、隔热、保温工程

3.9.1 防腐、隔热、保温工程项目划分及工作内容

1.防腐、隔热、保温工程项目划分(图 3-112)

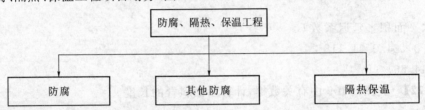

图 3-112 防腐、隔热、保温工程项目划分图

2.项目及工作内容

(1)防腐工作内容

①整体面层工作内容：

砂浆、混凝土、胶泥面层：清扫基层；底层或施工缝刷稀胶泥；调运砂浆胶泥、搅拌混凝土；浇灌混凝土。

耐酸沥青混凝土：清理基层；熬沥青；填充料加热；调运胶泥；刷胶泥；搅拌沥青混凝土；摊铺并压实沥青混凝土。

玻璃钢面层：材料运输；填料干燥、过筛；胶浆配制、涂刷；配制腻子及嵌刮；贴布一层。

塑料面层：清理基层；配料；下料；涂胶；铺贴；滚压；养护；焊接缝；整平；安装压条；铺贴踢脚板。

②块料面层工作内容：

平面砌块料面层：清理基层；运料；清洗瓷板；调制胶泥；砌瓷板。

池、沟、槽砌块料：清理基层；洗运瓷砖；调制胶泥；打底料；铺砌瓷砖。

(2)其他防腐工作内容

①隔离层：清理基层；熬沥青填充料，调运胶泥；基层涂冷底子油；铺设油毡。

②耐酸防腐涂料：清扫基层；刷涂料。

(3)隔热保温工作内容

①屋面保温：清扫基层；拍实；平整；找坡；铺砌保温层。

②天棚保温(带目龙骨)：熬制沥青；铺贴隔热层；清理现场。

③墙体保温：木框架制作、安装；熬制沥青；铺贴隔热层；清理现场。

④楼地面隔热：场内搬运材料；熬沥青；铺砌隔热层；清理现场。

⑤柱保温：清理现场；熬制沥青；铺贴保温层。

3.9.2 定额说明

3.9.2.1 防腐、隔热、保温工程说明

1.防腐

(1)整体面层、隔离层适用于平面、立面的防腐耐酸工程,包括沟、坑、槽。

(2)块料面层以平面砌为准,砌立面者按平面砌相应项目,人工乘以系数1.38,踢脚板人工乘以系数1.56,其他不变。

(3)各种砂浆、胶泥、混凝土材料的种类、配合比及各种整体面层的厚度,如设计与定额不同时,可以换算。但各种块料面层的结合层砂浆或胶泥厚度不变。

(4)本任务中的各种面层,除软聚氯乙烯塑料地面外,均不包括踢脚板。

(5)花岗岩板以六面剁斧的材板为准。如底面为毛面者,水玻璃砂浆增加0.38m³,耐酸沥青砂浆增加0.44m³。

2.保温隔热

(1)本定额适用于中温、低温及恒温的工业厂(库)房隔热工程,以及一般保温工程。

(2)本定额只包括保温隔热材料的铺贴,不包括隔气防潮、保护层或衬墙等。

(3)隔热层铺贴,除松散稻壳、玻璃棉、矿渣棉为散装外,其他保温材料均以石油沥青(30#)作胶结材料。

(4)稻壳已包括装前的筛选、除尘工序,稻壳中如需增加药物防虫时,材料另行计算,人工不变。

(5)玻璃棉、矿渣棉包装材料和人工均已包括在定额内。

(6)墙体铺贴块体材料,包括基层涂沥青一遍。

3.9.2.2 防腐、隔热、保温工程工程量计算规则

1.防腐

(1)防腐工程项目应区分不同防腐材料种类及厚度,按设计实铺面积以平方米计算。应扣除凸出地面的构筑物、设备基础等所占的面积,砖垛等凸出墙面部分按展开面积计算并入墙面防腐工程量内。

(2)踢脚板按实铺长度乘以高度以平方米计算,应扣除门洞所占面积并相应增加侧壁展开面积。

(3)平面砌筑双层耐酸块料时,按单层面积乘以2计算。

(4)防腐卷材接缝、附加层、收头等人工、材料已计入定额中,不再另行计算。

2.保温隔热

(1)保温隔热层应区分不同保温隔热材料,除另有规定者外,均按设计实铺厚度以立方米计算。

(2)保温隔热层的厚度按隔热材料(不包括胶结材料)净厚度计算。

(3)地面隔热层按围护结构墙体间净面积乘以设计厚度以立方米计算,不扣除柱、垛所占的体积。

(4)墙体隔热层外墙按隔热层中心线长、内墙按隔热层净长乘以图示尺寸的高度及厚度以立方米计算,应扣除冷藏门洞口和管理穿墙洞口所占的体积。

3.柱包隔热层

按图示的隔热层中心线的展开长度乘以图示尺寸的高度及厚度以立方米计算。

4.其他保温隔热

(1)池槽隔热层按图示池、槽保温隔热层的长、宽及其厚度以立方米计算,其中池壁按墙面计算,池底按地面计算。

(2)门洞口侧壁周围的隔热部分,按图示隔热层尺寸以立方米计算,并入墙面的保温隔热工程量内。

(3)柱帽保温隔热层按图示保温隔热层体积并入天棚保温隔热层工程量内。

3.10 建筑物超高增加费

3.10.1 建筑物超高增加费工作内容

(1)工人上下班降低工效、上楼工作前休息及自然休息增加的时间。

(2)垂直运输影响的时间。

(3)由于人工降效引起的机械降效。

(4)用水加压。

3.10.2 定额说明

3.10.2.1 建筑超高增加费说明

(1)本定额适用于建筑物檐高20m(层数6层)以上的工程(图3-113)。当檐高或层数两者之一符合定额规定时,即可套用相应定额子目。

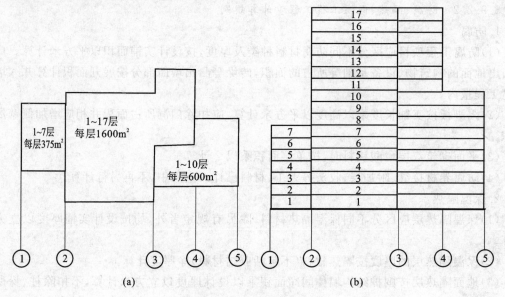

图 3-113 高层建筑示意图

(a)平面示意图;(b)立面示意图

(2)檐高是指设计室外地坪到檐口的高度。突出主体建筑屋顶的楼梯间、电梯间、屋顶水箱间、屋面天窗等不计入檐高之内。

（3）层数是指建筑物地面以上部分的层数。突出主体建筑屋顶的楼梯间、电梯间、水箱间等不计算层数。

（4）同一建筑物高度不同时，按不同高度的定额子目分别计算。

（5）建筑物超高增加费的内容包括：人工降效、其他机械降效、用水加压等费用。

（6）吊装机械降效费按吊装项目中的全部机械费用乘以表 3-21 系数计算。

表 3-21　吊装机械降效系数

檐高	30m 以内	40m 以内	50m 以内	60m 以内	70m 以内	80m 以内	90m 以内	100m 以内	110m 以内	120m 以内
降效系数	0.0767	0.1500	0.2220	0.3400	0.4643	0.5925	0.7233	0.8560	0.9900	1.2500

3.10.2.2　建筑超高增加费工程量计算规则

（1）建筑物超高增加费以超过檐高 20m（6 层）的建筑面积以平方米计算。

（2）超高部分的建筑面积按建筑面积计算规则的规定计算。

六层以上的建筑物，有自然层分界（层高在 3.3m 以内时）的按自然层计算超高部分的建筑面积；无自然层分界的单层建筑物和层高较高的多层或高层建筑物，总高度超过 20m 时，其超过部分可按每 3.3m 高折算为一层计算超过部分的建筑面积。高度折算的余量大于等于 2m 时，可增加一层计算超高建筑面积，不足 2m 时不计。

（3）构件吊装工程的吊装机械超高降效费按吊装项目中的全部机械费用计算。套用相应檐高的降效系数。

3.11　施工技术措施项目

3.11.1　混凝土及钢筋混凝土模板及支撑工程

3.11.1.1　混凝土及钢筋混凝土模板及支撑工程说明

（1）现浇混凝土模板按不同构件，分别以组合钢模板、钢支撑或木支撑，九夹板模板、钢支撑或木支撑，木模板、木支撑配制。使用其他模板时，可以编制补充单位基价表。

（2）一个工程使用不同模板时，以一个构件为准计算工程量及套用定额。如同一构件使用两种模板，则以与混凝土接触面积大的套用定额。

（3）预制混凝土模板，按不同构件分别以组合钢模板、九夹板模板、木模板、定型钢模、长线台钢拉模，并配制相应的砖地模、砖胎模、混凝土地模、长线台混凝土地模编制。使用其他模板时，可以编制补充单位基价表。

（4）模板工作内容包括：清理；场内运输；安装；刷隔离剂；浇灌混凝土时模板维护；拆模；集中堆放；场外运输。木模板包括制作（预制包括刨光，现浇不刨光）；组合钢模板、九夹板模板包括装箱。

（5）现浇混凝土梁、板、柱、墙是按支模高度（地面至板底或板面至板底）3.6m 编制的，超过 3.6m 时，按超过部分工程量另计支撑超高增加费。

（6）用钢滑升模板施工的烟囱、水塔及贮仓是按无井架施工计算的，并综合了操作平台，不再计算脚手架及竖井架。

（7）用钢滑升模板施工的烟囱、水塔、提升模板使用的钢爬杆用量是按 100% 摊销计算的，贮仓是按 50% 摊销计算的,设计要求不同时,另行换算。

(8)倒锥壳水塔塔身钢滑升模板项目,也适用于一般水塔塔身滑升模板工程。

(9)烟囱钢滑升模板项目均包括烟囱筒身、牛腿、烟道口;水塔钢滑升模板均已包括直筒、门窗洞口等模板用量。

(10)整板基础、带形基础的反梁、基础梁或地下室墙侧面的模板用砖侧模时,可按砖基础计算,同时不计算相应面积的模板费用。

(11)钢筋混凝土墙及高度大于 700mm 的深梁模板的固定,若审定的施工组织设计采用对拉螺栓时,可按实计算。

(12)钢筋混凝土后浇带按相应定额子目中模板人工乘以系数 1.2;模板用量及钢筋支撑乘以系数 1.5。

(13)坡屋面坡度大于等于 1:4(26°34′)时套相应的定额子目,但子目中人工乘以系数 1.15,模板用量及钢支撑乘以系数 1.30。

3.11.1.2 混凝土及钢筋混凝土模板及支撑工程工程量计算规则

1.一般规则

(1)基础

①基础与墙、柱的划分,均以基础扩大顶面为界。

②有肋式带形基础,肋高与肋宽之比在 4:1 以内的按有肋式带形基础计算;肋高与肋宽之比超过 4:1 的,其底板按板式带形基础计算,以上部分按墙计算。

③杯型基础杯口高度小于等于杯口大边长度者按杯型基础计算;杯口高度大于杯口大边长度时按高杯基础计算。

④箱式满堂基础应分别按满堂基础、柱、墙、梁、板有关规定计算。

⑤设备基础除块体外,其他类型设备基础分别按基础、梁、柱、板、墙等有关规定计算。

(2)柱

①有梁板的柱高按基础上表面至楼板上表面,或楼板上表面至上一层楼板上表面计算。

②无梁板的柱高按基础上表面或楼板上表面至柱帽下表面计算。

③构造柱按全高计算,嵌接墙体部分并入柱身体积。

(3)梁

①梁与柱连接时,梁长算至柱的侧面。

②主梁与次梁连接时,次梁长算至主梁的侧面。

③圈梁与过梁连接时,过梁长度按门窗洞口宽度共加 500mm 计算。地圈梁按圈梁定额计算。

④现浇挑梁的悬挑部分按单梁计算,嵌入墙身部分分别按圈梁、过梁计算。

(4)板

①有梁板(包括主梁、次梁与板)按梁板合并计算。

②无梁板的柱帽并入板内计算。

③平板与圈梁、过梁连接时,板算至梁的侧面。

④预制板缝宽度在 60mm 以上时,按现浇平板计算;60mm 宽以下的板缝已在接头灌缝的子目内考虑,不再列项计算。

（5）墙

①墙与梁重叠，当墙厚等于梁宽时，墙与梁合并按墙计算；当墙厚小于梁宽时，墙梁分别计算。

②墙与板相交，墙高算至板的底面。

③墙的净长大于宽4倍、小于等于宽7倍时，按短肢剪力墙计算。

（6）其他

①带反梁的雨篷按有梁板定额子目计算。

②小型混凝土构件，是指每件体积在0.05m³以内的未列出定额项目的构件。

③现浇挑檐天沟与板（包括屋面板、楼板）连接时，以外墙为分界线，与圈梁（包括其他梁）连接时，以梁外边线为分界线。外墙外边线或梁外边线以外为挑檐天沟。

（7）构筑物

①烟囱钢筋混凝土烟囱基础包括基础底板和筒座，筒座以上为筒身。

②水塔。

a.钢筋混凝土筒式塔身以筒座上表面或基础底板上表面为分界线；柱式塔身以柱脚与基础底板或梁交界处为分界线，与基础底板相连接的梁并入基础计算。

b.筒身与槽底的分界以与槽底相连接的圈梁底为界。圈梁底以上为槽底，以下为筒身。

c.依附于筒身的过梁、雨篷、挑檐等工程量并入筒身工程量内。柱式塔身不分柱、梁，并且不分直柱、斜柱，均合并计算。

d.钢筋混凝土塔顶及槽底的工程量合并计算，塔顶包括顶板和圈梁，槽底包括底板、挑出斜壁和圈梁。

e.槽底不分平底、拱底；塔顶不分锥形、球形，均执行本定额。

f.与塔顶、槽底（或斜壁）相连的圈梁之间的直壁为水箱内、外壁。保温水槽外保护壁为外壁，直接承受水侧压力的水槽壁为内壁，非保温水塔的水槽按内壁计算。依附外壁的柱、梁等并入外壁计算。

g.预制倒圆锥形水塔罐壳组装、提升、就位，按不同容积以座计算。

③贮水（油）池。

a.池底不分平底、锥底，池壁下部的扩大部分包括在池底内。

b.锥形底应算至壁基梁底面，无壁基梁时算至锥形底坡的上口。

c.无梁池盖柱自池底上表面算至池盖的下表面，包括柱座、柱帽。

d.无梁盖应包括与池壁相连的扩大部分；肋形盖应包括主、次梁及盖部分；球形盖应自池壁顶面以上，包括侧梁在内。

e.沉淀池水槽，系指池壁上的环形溢水槽及纵横U形槽，但不包括与水槽相连接的矩形梁。矩形梁另按现浇钢筋混凝土部分矩形梁定额执行。

④贮仓。

a.圆形仓顶板梁与顶板合并计算，按顶板定额执行。

b.圆形仓的基础若为板式基础，按满堂基础定额执行。

⑤地沟。

a.本地沟适用于混凝土及钢筋混凝土的现浇无肋地沟的底、壁、顶，不论方形（封闭式）、槽形（开口式）、阶梯形（变截面式）均按本定额计算。

b.沟壁与底的分界以底板上表面为界。沟壁与顶的分界以顶板的下表面为界。上薄下厚的壁按平均厚度计算,阶梯形的壁,按加权平均厚度计算,八字角部分的数量并入沟壁工程内计算。

c.肋形顶板或预制顶板,另套相应项目计算。

2.现浇混凝土及钢筋混凝土模板工程量的计算规定

(1)现浇混凝土及钢筋混凝土模板工程量,除另有规定者外,均应区别模板的不同材质,按混凝土与模板接触面的面积,以平方米计算。

(2)设备基础螺栓套留孔,分不同深度以个计算。

(3)现浇混凝土柱、梁、板、墙的支撑高度即:室外地坪板底(梁底)或板面(梁面)至板底(梁底)之间的高度以 3.6m 以内为准,超过 3.6m 以上部分,另按超过部分每增高 1m 增加支撑工程量,不足 0.5m 时不计,超过 0.5m 按 1m 计算。

(4)现浇钢筋混凝土墙、板上单孔面积在 0.3m² 以内的孔洞,不予扣除,洞侧壁模板亦不增加,但突出墙、板面的混凝土模板应相应增加;单孔面积在 0.3m² 以上时,应予扣除,洞侧壁模板并入墙、板模板工程量内计算。

(5)杯形基础杯口高度大于杯口大边长度的,套高杯基础定额项目。

(6)柱与梁、柱与墙、梁与梁等连接的重叠部分以及伸入墙内的梁头、板头部分,均不计算模板面积。

(7)构造柱按图示外露部分计算模板面积。留马牙槎的按最宽面计算模板宽度。构造柱与墙接触面不计算模板面积。

(8)现浇钢筋混凝土阳台、雨篷,按图示外挑部分尺寸的水平投影面积计算。挑出墙外的牛腿梁及板边模板不另计算。雨篷的翻边按展开面积并入雨篷内计算。

(9)现浇钢筋混凝土楼梯,以图示露明面尺寸的水平投影面积计算,不扣除宽度小于500mm 楼梯井所占面积。楼梯的踏步、踏步板、平台梁等侧面模板,不另计算。楼梯和楼面相连时,以楼梯梁外边为界。

(10)混凝土台阶下不包括梯带,按图示台阶尺寸的水平投影面积计算,台阶端头两侧不另计算模板。

(11)现浇混凝土小型池槽按构件外围体积计算,池槽内、外侧及底部模板不另计算。

(12)混凝土扶手按延长米计算。

3.预制钢筋混凝土构件模板工程量的计算规定

(1)预制钢筋混凝土构件模板工程量,除另有规定者外,均按混凝土实体积以立方米计算。混凝土地模已包括在定额中,不另计算。空腹构件应扣除空腹体积。

(2)预制桩的体积,按设计全长乘以桩的截面面积计算(不扣除桩尖虚体积)。例如预制桩尖应按虚体积计算。

(3)小型池槽按外围体积以立方米计算。

4.构筑物模板工程量的计算规定

(1)构筑物的模板工程量,除另有规定者外,区别现浇、预制和构件类别,分别按现浇及预制钢筋混凝土构件模板工程量有关规定计算。

(2)液压滑升模板施工的烟囱、水塔塔身、贮仓及预制倒圆锥形水塔罐壳模板等均按混凝土体积,以立方米计算。

(3)大型池槽等分别按基础、墙、板、梁、柱等有关规定计算并套相应定额项目。

5.钢屋架、钢托架制作平台摊销工程量的计算

钢屋架、钢托架制作平台摊销工程量的计算同钢屋架、钢托架工程量的计算。

3.11.2 脚手架工程

3.11.2.1 脚手架工程说明

（1）凡砖石砌体、现浇钢筋混凝土墙、贮水（油）池、贮仓、设备基础、独立柱等高度超过1.2m，均需计算脚手架。

（2）定额中分别列有钢管脚手架和毛竹脚手架，实际使用哪种架子套用相应的定额子目即可。

（3）外脚手架定额中均综合了上料平台、护卫栏杆等。24m以内外脚手架还综合了斜道的工料。

（4）烟囱脚手架综合了垂直运输架、斜道、缆风绳、地锚等。

（5）水塔脚手架按相应的烟囱脚手架人工乘以系数1.11，其他不变。

（6）架空运输道，以架宽2m为准，如架宽超过2m时，应按相应项目乘以系数1.2，超过3m时，按相应项目乘以系数1.5。

（7）装饰用的脚手架，按《装饰定额》有关规定计算，套用相关定额子目。

3.11.2.2 脚手架工程工程量计算规则

1.一般计算规则

外墙脚手架以檐高（设计室外地坪至檐口滴水高度）划分。毛竹架：檐高在7m以内时，按单排外架计算；外墙檐高超过7m时按双排外架计算。钢管架：檐高在15m以内时，按单排外架计算；檐高超过15m时，按双排外架计算。檐高虽未超过7m或15m，但外墙门及装饰面积超过外墙表面60%时，均按双排脚手架计算。

（2）建筑物内墙脚手架，内墙砌筑高度（设计室内地面或楼板面至上层楼板底面或顶板下表面或山墙高度的1/2处）在3.6m以内的，按里脚手架计算；砌筑高度超过3.6m时，按其高度的不同分别套用相应单排或双排外脚手架计算。

（3）计算内、外脚手架时，均不扣除门窗洞口、窗圈洞口等所占的面积。

（4）同一建筑物高度不同时，应按不同高度分别计算（不同高度的划分是指建筑物的垂直方向划分）。

（5）围墙脚手架，凡室外自然地坪至围墙顶面的砌筑高度在3.6m以内的，按里脚手架计算；砌筑高度超过3.6m时，按相应单排脚手架计算。

（6）滑升模板施工的钢筋混凝土烟囱、筒仓，不另计算脚手架。

（7）砌筑贮仓、贮水（油）池、设备基础，按双排外脚手架计算。

（8）满堂基础以及带形基础底宽超过3m，柱基、设备基础底面积超过20m² 按底板面积计算满堂脚手架。

2.砌筑脚手架计算规则

（1）外脚手架按外墙外边线长度乘以外墙砌筑高度以平方米计算，突出墙外宽度在24cm以内的墙垛、附墙烟囱等不计算脚手架；宽度超过24cm时按图示尺寸展开计算，并入外脚手架工程量内。外墙砌筑高度是指设计室外地坪至砌体顶面的高度，山墙为1/2高。

（2）里脚手架按墙面垂直投影面积计算。

(3)独立柱按图示柱结构外围周长另加 3.6m 乘以砌筑高度以平方米计算,套用相应双排外脚手架定额。柱砌筑高度指设计室外地坪或楼板顶面至上层楼板顶面的距离。

3.现浇钢筋混凝土脚手架计算规则

(1)现浇钢筋混凝土独立柱,按柱图示周长另加 3.6m 乘以柱高以平方米计算,套用相应双排外脚手架定额。柱高指设计室外地坪或楼板顶面至上层楼板顶面的距离。建筑物周边的框架边柱不计算脚手架。

(2)现浇钢筋混凝土单梁、连续梁、墙,按设计室外地坪或楼板上表面至楼板底面之间的高度乘以梁、墙净长以平方米计算,套用相应双排外脚手架定额。

(3)室外楼梯按楼梯垂直投影长边的一边长度乘以楼梯总高度,套相应双排外脚手架定额。

(4)挑出外墙面在 1.2m 以上的阳台、雨篷,可按顺墙方向长度计算挑脚手架。

4.其他脚手架计算规则

(1)烟囱、水塔脚手架,区别不同搭设高度,以座计算。

(2)电梯井脚手架,按单孔以座计算。

(3)架空运输脚手架,按单孔以座计算。

(4)斜道区别不同高度以座计算。

(5)砌筑贮仓脚手架,不分单筒或贮仓组均按贮仓外边线周长乘以设计室外地坪至贮仓上口之间高度,以平方米计算。

(6)贮水(油)池脚手架,按外壁周长乘以设计室外地坪至池壁顶面之间高度,以平方米计算。

(7)设备基础(块体)脚手架,按其外形周长乘以设计室外地坪至外形顶面边线之间高度,以平方米计算。

3.11.3 垂直运输工程

3.11.3.1 垂直运输工程说明

1.建筑物垂直运输

(1)建筑物垂直运输仅适用于施工主体结构(包括屋面保温防水)所需的垂直运输费用,即执行《建筑定额》的所有工程项目。凡执行《装饰定额》的工程项目其垂直运输按《装饰定额》规定计算。

(2)檐高是指设计室外地坪至檐口的滴水高度,突出主体建筑屋顶的楼梯间、电梯间、屋顶水箱间、屋面天窗等不计入檐口高度之内。层数是指建筑物地面以上部分的层数,突出主体建筑屋顶的楼梯间、电梯间、水箱间等不计算层数。

(3)本定额工作内容,包括单位工程在合理工期完成主体结构全部工程项目(包括屋面保温防水)所需的垂直运输机械台班,不包括机械的场外运输、一次安拆及路基铺垫和轨道铺拆等费用。

(4)同一建筑物多种用途(或多种结构)的垂直运输工程量,按不同用途(或结构)分别计算建筑面积,并均以该建筑物总高度为准,分别套用各自相应的定额。当上层建筑面积小于下层建筑面积的 50%,应垂直分割为两部分,按不同高度的定额子目分别计算。

(5)定额中现浇框架是指柱、梁全部为现浇的钢筋混凝土框架结构,如部分现浇(柱、梁中有一项现浇)时按现浇框架定额乘以系数 0.96,如楼板也为现浇混凝土时按现浇框架定额乘以系数1.04。

(6)预制钢筋混凝土柱、钢屋架的单层厂房按预制排架定额计算。

(7)单身宿舍按住宅定额乘以系数0.9。

(8)本定额是按一类厂房为准编制的,二类厂房定额乘以系数1.14。厂房分类如下:

一类是指机加工、机修、五金、缝纫、一般纺织(粗纺、制条、洗毛等)及无特殊要求的车间。

二类是指厂房内设备基础及加工要求较复杂、建筑设备或建筑标准较高的车间。如铸造、锻压,电酸碱、电子、仪表、手表、电视、医药、食品等车间。

建筑标准较高的车间,指车间有吊顶或油漆的顶棚、内墙面贴墙纸(布)或油漆墙面、水磨石地面等三项,其中一项所占建筑面积达到全车间建筑面积50%及以上者。

(9)服务用房是指城镇、街道、居民区具有较小规模综合服务功能的设施,其建筑面积不超过 1000m²,层数不超过三层。如副食品、百货、餐饮店等。

(10)檐高 3.6m 以内的单层建筑,不计算垂直运输机械台班。

(11)本定额项目的划分是以建筑物檐高、层数两个指标界定的,只要有一个指标达到定额规定即可套用定额项目。

2.构筑物垂直运输

构筑物的高度是指设计室外地坪至构筑物的顶面高度。突出构筑物主体的机房等高度,不计入构筑物高度内。

3.11.3.2　垂直运输工程工程量计算规则

(1)建筑物垂直运输机械台班,区分不同建筑物的结构类型及高度按建筑面积以平方米计算。建筑面积按建筑面积计算规则计算。

(2)构筑物垂直运输机械台班以座计算。超过规定高度时再按每增高 1m 定额项目计算,超过高度不足 1m 时,按 1m 计算。

3.11.4　常用大型机械安装、拆卸和场外运输费用

1.轨道铺拆费用

(1)轨道铺拆以直线形为准,如铺设弧形时,乘以系数 1.15 计算。

(2)本定额不包括:轨道和枕木之间增加其他型钢或钢板的轨道、自升式塔式起重机自产轨道、自升式塔式起重机固定式基础、施工电梯和混凝土搅拌站的基础等。

2.特、大型机械每安装、拆卸一次费用

(1)安拆费中已包括机械安装完毕后的试运转费用。

(2)自升式塔式起重机的安拆费是以塔高 45m 确定的,如塔高超过 45m 时,每增高 10m 安拆费增加 20%,其增高部分的折旧费按相应定额子目折旧费的 5% 计算,并入台班基价中。

3.特、大型机械场外运输费用

(1)本费用已包括机械的回程费用。

(2)凡利用自身行走装置转移的大型机械场外运输费用按下列规定计算:

履带式行走装置:2km 以内按 0.5 台班,5km 以内按 1 台班计算;

轮胎式行走装置:5km 以内按 0.5 台班,10km 以内按 1 台班,25km 以内按 2 个台班计算;

汽车式行走装置:10km 以内按 0.5 台班,25km 以内按 1 台班计算。

(3)除运距25km 以内的机械进出场费用外,还有运距25km 以外50km 以内每增加1km

的进出场费用。每增加1km费用按运输机械的平均车速求出台班数。运输车辆平均车速按表3-22计取。

表3-22　运输车辆平均车速

载重汽车	重车(载)30km/h	平板拖车组	重车 15km/h
	空车(载)40km/h		空车 25km/h

①50km 以内每增加 1km 的费用,按运输机械的平均车速求出台班数。

每增加 1km 的运输机械车速系数的计算(即每增加 1km 的台班数):

纯运输装卸时间=作业时间-调车时间=6　(h)

载重汽车重车单趟=$\dfrac{1}{汽车重车车速\times纯运输装卸时间}$=$\dfrac{1}{30\times6}$=0.0056　(台班)

载重汽车空车单趟=$\dfrac{1}{40\times6}$=0.0041　(台班)

载重汽车往返=0.0056+0.0041=0.0097　(台班)

平板拖车组重车单趟=$\dfrac{1}{15\times6}$=0.0111　(台班)

平板拖车组空车单趟=$\dfrac{1}{25\times6}$=0.0067　(台班)

平板拖车组往返=0.0111+0.0067=0.0178　(台班)

②超过 50km 以上每增加 1km 的费用计算是指运距 50km 以上而发生的费用,则每增加 1km 的费用按定额中机械进(退)场费每增加 1km 费用乘以系数1.2(系数1.2是根据劳动定额规定作业时间调车距离的步距测算而得)。

平板拖车组每增加 1km 的台班按表 3-23、3-24 计算。

表中往返数字与 25km 以内往返数字相比:

$\dfrac{0.0194-0.0178}{0.0178}$=9%

$\dfrac{0.0213-0.0178}{0.0178}$=19.7%

$\dfrac{0.0237-0.0178}{0.0178}$=33.1%

平均取定系数 1.2。

表 3-23　平板拖车组每增加 1km 台班计算表

车辆名称	车速(km/h)	作业时间(h)	调车距(h)			纯运输、装卸时间(h)		
			50km 内	70km 内	90km 内	50km 内	70km 内	90km 内
平板拖车组	重车 15、空车 25	7	1.50	2.00	2.50	5.50	5.00	4.50

表 3-24　平板拖车组(重车、空车)每增加 1km 台班计算表

车辆装载情况	单车			往返		
	50km 内	70km 内	90km 内	50km 内	70km 内	90km 内
重车	0.0121	0.0133	0.0148	0.0194	0.0213	0.0237
空车	0.0073	0.008	0.0089			

4.大型机械场外运输费、安装拆卸费用中未包括的项目

①有公安、交通部门的保安护送费用;

②路桥(涵)限载发生的加固和通行损失费用;

③道路临时拓宽和必须占用道路的费用;

④水运及铁路运输费用;

⑤过路、过桥、过渡等费用。

以上5项未包括的费用发生时,按实际签证计入机械台班使用费。

3.12 装 饰 工 程

3.12.1 楼地面工程

3.12.1.1 楼地面工程说明

(1)本章各种砂浆、混凝土的配合比,如设计规定与定额不同时可以换算。

(2)整体面层、块料面层中的楼地面项目,均不包括踢脚线工料;楼梯不包括踢脚线、侧面及板底抹灰,应另按相应定额项目计算。

(3)踢脚线高度是按150mm编制的,如设计高度与定额高度不同时,材料用量可以调整,但人工、机械用量不变。高度超过300m按墙面相应定额计算。

(4)螺旋楼梯的装饰,按相应弧形楼梯项目:人工、机械定额量乘以系数1.20;块料材料定额量乘以系数1.10;整体面层、栏杆、扶手材料定额量乘以系数1.05。

(5)现浇水磨石定额项目已包括酸洗打蜡工料,其余项目均不包括酸洗打蜡。

(6)台阶不包括牵边、侧面装饰,应另按相应定额项目计算。

(7)台阶包括水泥砂浆防滑条,其他材料做防滑条时则应另行计算防滑条。

(8)同一铺贴面上有不同种类、材质的材料,应分别按本章相应子目执行。

(9)扶手、栏杆、栏板适用于楼梯、走廊、回廊及其他装饰性栏杆、栏板。扶手、栏杆分别列项计算。栏板、栏杆、扶手造型图见本定额后面附图。

(10)除定额项目中注明厚度的水泥砂浆可以换算外,其他一律不作调整。

(11)块料面层切割成弧形、异形时损耗按实计算,人工乘以系数1.2,其他不变。

(12)铝合金扶手包括弯头(其他扶手不包括),弯头应按弯头单项定额计算。

(13)宽度在300mm以内的室内周边边线套波打线项目。

(14)零星项目面层适用于楼梯侧面、台阶的牵边和侧面,楼地面300mm以内的边线以及镶拼大于$0.015m^2$的点缀面积,小便池、蹲台、池槽以及面积在$1m^2$以内且定额未列项的工程。

(15)木地板填充材料,按照《建筑定额》相应子目执行。

(16)大理石、花岗岩楼地面拼花按成品考虑。

(17)单块面积小于$0.015m^2$的石材执行点缀子目。其他块料面层的点缀执行大理石点缀子目。

(18)大理石、花岗岩踢脚线用云石胶粘贴时,按相应定额子目执行,不换算。

(19)块料面层不包括酸洗打蜡,如设计要求酸洗打蜡者按相应定额执行。

3.12.1.2 楼地面工程工程量计算规则

(1)整体面层找平层按主墙间净空面积以平方米计算。应扣除凸出地面的构筑物、设备基础、室内管道、地沟等所占的面积,不扣除柱、垛、间壁墙、附墙烟囱及面积在 0.3m² 以内的孔洞所占面积,但门洞、空圈、暖气包槽、壁龛等开口部分亦不增加。

(2)块料面按饰面的实铺面积计算,不扣除 0.1m² 以内的孔洞所占面积。拼花部分按实贴面积计算(图 3-114、图 3-115)。

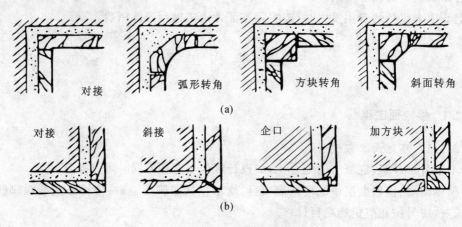

(a)

(b)

图 3-114　阴阳角的构造处理

(a)阴角处理;(b)阳角处理

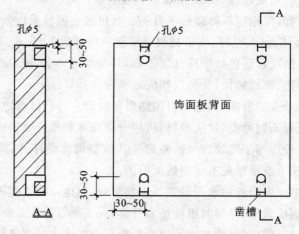

图 3-115　石材饰面板钻孔及凿槽示意图

(3)楼梯面积(包括踏步、休息平台,以及小于 500mm 宽的楼梯井)按水平投影面积计算。

(4)台阶面层(包括踏步及最上一层踏步边沿加300mm)按水平投影面积计算。

(5)整体面层踢脚板按延长米计算,洞口、空圈长度不予扣除,门洞、空圈、垛、附墙烟囱等侧壁长度亦不增加。块料楼地面踢脚线按实贴长乘高以平方米计算,成品及预制水磨石块踢脚线按实贴延长米计算。楼梯踏步踢脚线按相应定额基价乘以系数1.15。

(6)防滑条按实际长度以延长米计算。

(7)点缀按个计算,计算主体铺贴地面面积时,不扣除点缀所占面积。圆形及弧形点缀镶贴,人工定额量乘以系数1.20,材料定额量乘以系数1.15。

(8)零星项目按实铺面积计算。

(9)栏杆、栏板、扶手均按其中心线长度以延长米计算,计算扶手时不扣除弯头所占长度。

(10)弯头按个计算。

(11)石材底面养护液按底面面积加四个侧面面积以平方米计算。

(12)地毯按实铺面积计算,楼梯地毯压棍安装按套计算,压板按延长米计算。

3.12.2 墙、柱面工程

3.12.2.1 墙、柱面工程说明

(1)本章定额凡注明砂浆种类、配合比、饰面材料及型材的型号规格与设计不同时,可按设计规定调整,但人工、机械消耗量不变。

(2)本章定额中的镶贴块料面层均未包括打底抹灰,打底抹灰按一般抹灰子目执行,但人工乘以系数 0.7,且扣除面层材料。

(3)抹灰砂浆厚度:如设计与定额取定不同时,除定额有注明厚度的项目可以换算外,其他一律不作调整。抹灰厚度,按不同的砂浆分别列在定额项目中,同类砂浆列总厚度,不同砂浆分别列出厚度,如定额项目中 18mm +6mm 即表示不同砂浆的各自厚度。

(4)墙面抹石灰砂浆分二遍、三遍、四遍。其标准如下:

①二遍:一遍底层,一遍面层。

②三遍:一遍底层,一遍中层,一遍面层。

③四遍:一遍底层,一遍中层,二遍面层。

(5)抹灰等级与抹灰遍数、工序、外观的对应关系如表 3-25 所示。

表 3-25 抹灰等级与抹灰遍数、工序、外观的对应表

名 称	普通抹灰	中级抹灰	高级抹灰
遍数	二遍	三遍	四遍
主要工序	分层找平、修整、表面压光	阳角找方、设置标筋、分层找平、修整、表面压光	阳角找方、设置标筋、分层找平、修整、表面压光
外观质量	表面光滑、洁净,接槎平整	表面光滑、洁净,接槎平整,压线清晰、顺直	表面光滑、洁净、颜色均匀,无抹纹压线、平直方正,清晰美观

(6)加气混凝土砌块墙体抹灰按轻质墙面定额套用。其表面清扫每 $100m^2$ 另计 2.5 工日;如面层再加 107 胶,每 $100m^2$ 按下列工料计算:人工 1.7 工日;32.5 号水泥 25kg;中粗砂 $0.017m^3$;107 胶 14kg;水 $4m^3$。

(7)圆弧形、锯齿形等不规则墙面抹灰、镶贴块料按相应项目人工乘以系数 1.15,材料乘以系数 1.05。

(8)离缝镶贴面砖定额子目,面砖消耗量分别按缝宽 5mm,10mm 以内和 20mm 以内考虑,如灰缝不同或灰缝超过 20mm 以上者,其块料及灰缝材料(水泥砂浆 1∶1)用量允许调整,其他不变。

(9)块料镶贴和装饰抹灰的“零星项目”适用于挑檐、天沟、腰线、窗台线、门窗套、压顶、栏板、扶手、遮阳板、阳台和雨篷周边等。一般抹灰的“零星项目”适用于各种壁柜、碗柜、过人洞、暖气壁龛、池槽、花台以及 $1m^2$ 以内的抹灰。一般抹灰的“装饰线条”适用于门窗套、挑檐、天沟、腰线、压顶、扶手、遮阳板、阳台和雨篷周边、宣传栏边框等凸出墙面或抹灰面展开宽度小于 300mm 以内的竖、横线条抹灰。超过 300mm 的线条抹灰按“零星项目”执行。

(10)独立柱饰面面层定额未列项目者,按相应墙面项目套用,工程量按实抹(贴)面积计算。

(11)单梁单独抹灰、镶贴、饰面,按独立柱相应项目执行。

(12)木龙骨基层是按双向计算的,如设计为单向时,人工、材料消耗量乘以系数0.55。弧形木龙骨基层按相应子目定额消耗量乘以系数1.10。

(13)定额木材种类除注明者外,均以一、二类木种为准,如采用三、四类木种时,人工及机械乘以系数1.3。

(14)面层、隔墙(间壁)、隔断(护壁)定额内,除注明者外均未包括压条、收边、装饰线(板),如设计要求时,应按相应子目执行。

(15)面层、木基层均未包括刷防火涂料,如设计要求时,应按相应子目执行。

(16)玻璃幕墙中的玻璃按成品玻璃考虑,幕墙中的避雷连接、防火隔离层定额已综合,但幕墙的封边、封顶的费用另行计算。

(17)隔墙(间壁)、隔断(护壁)等定额中龙骨间距、规格与设计不同时,定额用量允许调整。

(18)干挂块料面层、隔断、幕墙的钢骨架不包括油漆,油漆按相应子目计算。

(19)铝塑板幕墙子目中铝塑板的消耗量已包含折边用量,不得另行计算。

(20)幕墙实际施工时,材料用料与定额用量不符时,均按实换算。人工、机械不变。

(21)铝单板、不锈钢板等相关子目中均未含折边弯弧加工费。

(22)雕花玻璃、冰裂玻璃等其他成品玻璃列入相应成品玻璃子目。

(23)挂贴大理石、花岗岩未做钢筋网时,应扣除钢筋含量,人工乘系数0.9。

(24)墙面干挂块料面层如使用铁件,按钢骨架计算。

3.12.2.2 墙、柱面工程工程量计算规则

1.内墙抹灰工程量的计算规定

(1)内墙抹灰面积应扣除门窗洞口和空圈所占的面积,不扣除踢脚线、挂镜线(图3-116)、0.3m² 以内的孔洞和墙与构件交接处的面积,洞口侧壁亦不增加。墙垛和附墙烟囱侧壁面积与内墙抹灰工程量合并计算。

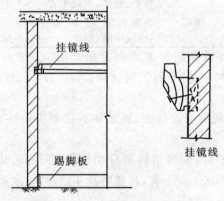

图3-116 挂镜线、踢脚板示意图

(2)内墙面抹灰的长度以主墙间的图示净长度计算。其高度确定如下:

①无墙裙时,其高度按设计室内地面或楼面至天棚底面计算。

②有墙裙时,其高度按墙裙顶至天棚底面计算。

③有吊筋时装饰天棚的内墙面抹灰,其高度按设计室内地面或楼面至天棚底面另加100mm计算。

(3)内墙裙抹灰面积按内墙净长乘以高度计算。应扣除门窗洞口和空圈所占的面积,门窗

洞口和空圈的侧壁不另增加,墙垛、附墙烟囱侧壁面积并入墙裙抹灰面积内计算。

计算公式:

内墙面抹灰面积=(主墙间净长+墙垛和附墙烟囱侧壁宽)

$\times$(室内净高-墙裙高)-门窗洞口及大于 0.3m² 的孔洞面积

式中 室内净高=楼面或地面至顶棚底+100mm(有吊顶);

室内净高=楼面或地面至顶棚底的净高(无吊顶)。

2. 外墙一般抹灰工程量的计算规定

(1)外墙抹灰,按外墙面的垂直投影面积以平方米计算。应扣除门窗洞口、外墙裙和大于 0.3m² 孔洞所占面积,洞口侧壁面积不另增加。附墙垛、梁、柱侧面抹灰面积并入外墙面抹灰工程量内计算。

(2)外墙裙抹灰面积按其长度和高度计算,扣除门窗洞口和大于 0.3m² 孔洞所占面积,门窗洞口及孔洞的侧壁不增加。

(3)栏板、栏杆(包括立柱、扶手或压顶等)抹灰按立面垂直投影面积乘以系数 2.2 以平方米计算。

(4)墙面勾缝按垂直投影面积计算。应扣除墙裙和墙面抹灰的面积,不扣除门窗洞口、门窗套、腰线等零星抹灰所占的面积,附墙柱和门窗洞口侧面的勾缝面积不增加。

(5)抹灰面嵌条、分格的工程量同抹灰面面积。

3. 外墙装饰抹灰工程量的计算规定

(1)外墙面装饰抹灰面积按垂直投影面积计算,扣除门窗洞口和 0.3m² 以上的孔洞所占的面积,门窗洞口及孔洞侧壁面积亦不增加。附墙垛、梁、柱侧面抹灰面积并入外墙抹灰面积工程量内。

(2)女儿墙(包括泛水、挑砖)、阳台栏板(不扣除花格所占孔洞面积)内侧抹灰按垂直投影面积乘以系数 1.10,带压顶者乘系数 1.30 按墙面定额执行。

(3)"零星项目"按设计图示尺寸以展开面积计算。

(4)装饰抹灰分格、嵌缝按装饰抹灰面面积计算。

4. ZL 胶粉聚苯颗料外墙保温(外饰涂料)的计算规定

按外墙面的垂直投影面积以平方米计算。应扣除门窗洞口和大于 0.3m² 的孔洞所占面积,洞口侧壁面积不另增加。附墙垛、梁、柱侧面积及门窗套、凸出墙外的腰线面积并入外墙工程量内计算。

5. 镶贴块料面层工程量的计算规定

(1)墙面贴块料面层按实贴面积计算。面砖镶贴子目用于镶贴柱时,人工定额乘以系数 1.10,其他不变。

(2)墙面贴块料饰面高度在 300mm 以内者,按踢脚板定额执行。

6. 独立柱、梁工程量的计算规定

(1)一般抹灰、装饰抹灰,挂贴预制水磨块按柱结构断面周长乘以高度以平方米计算。其他装饰按外围饰面尺寸乘以高度以平方米计算。

(2)挂贴大理石中其他零星项目的大理石是按成品考虑的,大理石柱墩、柱帽按个计算。

(3)除定额已列有柱帽、柱墩的项目外,其他项目的柱帽、柱墩工程量按设计图示尺寸以展开面积计算,并入相应柱面积内,每个柱帽或柱墩另增人工:抹灰 0.25 工日,块料 0.38 工日,饰面 0.5 工日。

7. 墙(柱)面龙骨、基层板、饰面板

均按实铺面积计算,不扣除 0.1m² 以内的孔洞所占面积。

8. 浴厕木隔断、塑钢隔断

按下横挡底面至上横挡顶面高度乘以图示长度以平方米计算,同材质门扇面积并入隔断面积内计算。

9. 全玻璃隔断的不锈钢边框工程量

按边框展开面积计算。

10. 全玻璃隔断、全玻璃幕墙

如有加强肋者,工程量按其展开面积计算;玻璃幕墙、铝板幕墙按展开面积计算。

11. 瓷板倒角磨边

按交角延长米计算。

12. 干挂块料面层、隔断、幕墙的型钢架

按施工图包含预埋铁件、加工铁板等以吨计算。

3.12.3 天棚工程

3.12.3.1 天棚工程说明

(1)本定额凡注明砂浆种类和配合比的,如与设计不同时,可按设计规定调整。

(2)本定额除部分项目为龙骨、基层、面层合并列项外,其余均为天棚龙骨、基层、面层分别列项编制。跌级天棚其面层人工乘以系数 1.10。

(3)本定额龙骨的种类、间距、规格和基层、面层材料的型号、规格是按常用材料和常用做法考虑的,如与设计要求不同时材料可以调整,但人工、机械不变。

(4)天棚轻钢龙骨、铝合金龙骨按面层不同的标高分一级天棚和跌级天棚。天棚面层在同一标高者称为一级天棚,不在同一标高且高差在 20cm 以上者称为跌级天棚。

(5)天棚木龙骨按封板层不同分一级天棚和跌级天棚。在同一标高者,称为一级天棚;天棚封板层不在同一标高者称为跌级天棚。

(6)轻钢龙骨、铝合金龙骨定额中为双层结构(即中、小龙骨紧贴大龙骨底面吊挂),如为单层结构时(大、中龙骨底面在同一水平上),人工乘系数 0.85。

(7)对于小面积的跌级吊顶,当跌级(或落差)长度小于顶面周长 50% 时,将级差展开面积并入天棚面积,仍按一级吊顶划分;当级差长度大于顶面周长 50% 时,按跌级吊顶划分。

(8)本定额中平面天棚和跌级天棚都属一般直线型天棚,不包括灯光槽的制作安装。灯光槽制作安装应按本章相应子目执行。艺术造型天棚项目中包括灯光槽的制作安装,其断面示意图见本定额后面附图。

(9)天棚检查孔的工料已包括在定额项目内,不另计算。

(10)铝塑板、不锈钢饰面天棚中,铝塑板、不锈钢折边消耗量、加工费另计。

3.12.3.2 天棚工程工程量计算规则

(1)天棚抹灰工程量按以下规定计算:

①天棚抹灰面积按主墙间净面积计算,不扣除间壁墙、垛、柱、附墙烟囱、检查口和管道所占的面积。带梁天棚,梁两侧抹灰面积,并入天棚抹灰工程量内计算。

②密肋梁和井字梁天棚抹灰面积,按展开面积计算。

③天棚抹灰如带有装饰线时,分别按三道线以内或五道线以内用延长米计算,线角的道数以一个突出的棱角为一道线。

④檐口天棚的抹灰面积,并入相同的天棚抹灰工程量内计算。

⑤天棚中的折线、灯槽线、圆弧形线、拱形线等艺术形式的抹灰,按展开面积计算。

⑥阳台底面抹灰按水平投影面积以平方米计算,并入相应天棚抹灰面积内。阳台如带悬臂梁者,其工程量乘以系数1.30。阳台上表面的抹灰按水平投影面积以平方米计算,套楼地面的相应定额子目。

⑦雨篷底面或顶面抹灰分别按水平投影面积计算,并入相应天棚抹灰面积内。雨篷顶面带反沿或反梁者,其工程量乘以系数1.20;底面带悬臂梁者,其工程量亦乘以系数1.20。

⑧板式楼梯底面的装饰工程量按水平投影面积乘以系数1.15计算,梁式及螺旋楼梯底面按展开面积计算。

(2)各种吊顶天棚龙骨(图3-117~图3-119)按墙间水平投影面积计算,不扣除检查口、附墙烟囱、柱、垛和管道所占面积。但天棚中的折线,跌落等圆弧形、高低吊灯槽等的面积不展开计算。

(3)天棚基层板、装饰面层,按墙间实钉(粘贴)面积以平方米计算,不扣除检查口、附墙烟囱、垛和管道、开挖灯孔及0.3m²以内空洞所占面积。

(4)本章定额中龙骨、基层、面层合并列项的子目,工程量计算规则同第(2)条。

(5)灯光按延长米计算。

(6)保温层按实铺面积计算。

(7)嵌缝、贴胶带按延长米计算。

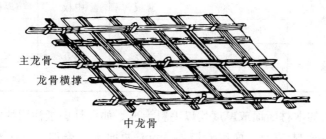

图 3-117 U型轻钢天棚龙骨构造示意图

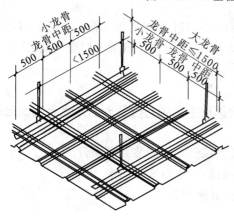

图 3-118 嵌入式铝合金方板天棚

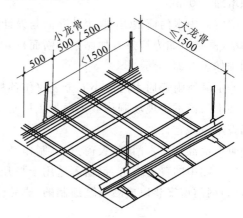

图 3-119 浮搁式铝合金方板天棚

3.12.4 门窗工程

3.12.4.1 门窗工程说明

（1）普通木门窗

①本定额是按机械和手工操作综合编制的。不论实际采取何种操作方法,均按定额执行。

②本定额木材木种分类如下:

一类:红松、水桐木、樟子松。

二类:白松(方杉、冷杉)、杉木、杨木、柳木、椴木。

三类:青松、黄花松、秋子木、马尾松、东北榆木、柏木、苦楝木、梓木、黄菠萝、椿木、楠木、柚木、樟木。

四类:栎木(柞木)、檀木、色木、槐木、荔木、麻栗木(麻栎、青刚)、桦木、荷木、水曲柳、华北榆木。

③本章木材木种均以一、二类木种为准,如采用三、四类木种,分别乘以下列系数:木门窗制作,按相应项目人工或机械乘以系数 1.3;木门窗安装,按相应项目人工和机械乘以系数1.16;其他项目按相应项目人工和机械乘以系数 1.35。

④定额中木材以自然干燥条件下含水率为准编制的,需人工干燥时,其费用另行计算。

⑤本定额板材、方材规格分类如表 3-26 所示。

表 3-26　定额中板材、方材规格分类表

项目	按宽厚尺寸比例分类	按板材厚度,方材宽、厚乘积分类			
板材	宽≥3×厚	名称	薄板	中板	厚板	特厚板
		厚度(mm)	≤18	19～35	36～65	≥66
方材	宽<3×厚	名称	小方	中方	大方	特大方
		宽×厚(cm²)	≤65	55～100	100～225	≥226

⑥定额中所注明的木材断面或厚度均以毛料为准。如设计图纸注明的断面或厚度为净料时,应增加刨光损耗,板材,方材一面刨光增加 3mm;两面刨光增加 5mm;圆木每立方米材料体积增加 0.05m³。

⑦定额中木门窗框(扇)取定的断面与设计规定的不同时应按比例换算。框断面以边框断面为准(框裁口如为钉条者加贴条的断面);扇料以主挺断面为准。普通木门窗(框、扇)断面面积明细如表 3-27 所示。

⑧定额所附普通木门窗小五金表仅作备料参考。

⑨木门窗不论现场制作或附属加工厂制作,均执行本定额。现场外制作点至安装地点的运输按本章规定计算。

⑩本定额普通木门窗、天窗,按框制作、框安装、扇制作、扇安装分列项目。

⑪定额中的普通木窗、钢窗等适用于平开式,推拉式,中转式,上、中、下悬式。

（2）钢门窗安装以成品安装编制的,成品价包括五金配件在内。

表 3-27 普通木门窗(框、扇)断面面积明细表

单位:cm²

名称	门窗框	门扇	纱门窗	玻璃窗(亮)扇	纱窗(亮)扇
带纱镶板门	72.5	42.75	23.8	27	17
无纱镶板门	55.1	42.75	—	27	—
带纱胶合板门	72.5	—	17	27	17
无纱胶合板门	55.1	—	—	27	—
带纱半截玻璃门	72.5	45	23.8	27	17
无纱半截玻璃门	55.1	45	—	27	—
半玻璃、全玻璃自由门	72.5	50	—	—	—
单层玻璃窗	55.1	—	—	28.2	—
一玻一纱窗	72.5	—	—	28.2	—
天窗	55.1	—	—	27	—
推拉传递窗	55.1	—	—	21	—
矩形木百叶窗	39.75	—	—	—	—

(3)铝合金门窗制作、安装项目不分现场或施工企业附属加工厂制作,均执行本定额。

(4)铝合金地弹门制作型材(框料)按 101.6mm×44.5mm、厚 1.2mm 方管制定,单扇平开门、双扇平开窗按 38 系列制定,推拉窗按 90 系列制定。如实际采用的型材装饰面及厚度与定额取定规格不符者,可按图示尺寸乘以实际线密度加 6% 的施工损耗计算型材重量。

(5)成品门窗安装项目中,门窗附件包含在成品门窗单价内考虑;铝合金门窗制作、安装项目中未含五金配件,五金配件按相关定额附表选用。

3.12.4.2 门窗工程工程量计算规则

(1)普通木门、木窗制作安装工程量均按以下规定计算:

①各类门、窗制作安装工程量均按门窗洞口面积计算。

②普通窗上部带有半圆窗的工程量应分别按半圆窗和普通窗计算。其分界线以普通窗和半圆窗之间的框上裁口线为分界线。

(2)钢门窗安装及玻璃安装均按洞口面积计算。钢门上部安玻璃,按安装玻璃部分的面积计算。

(3)铝合金门窗、彩板组角门窗、塑钢门窗均按框外围面积以平方米计算。纱扇制作、安装按扇外围面积计算。

(4)卷闸门安装按其安装高度乘以门的实际宽度以平方米计算。安装高度算至滚筒顶点为准。带卷筒罩的按展开面积增加。电动装置安装以套计算,小门安装以个计算,小门面积不扣除。

(5)防盗门、不锈钢格栅门按框外围面积以平方米计算。防盗窗按展开面积计算。

(6)成品防火门以框外围面积计算,防火卷帘门从地(楼)面算至端板顶点乘设计宽度。

(7)装饰实木门框制作安装以延长米计算。装饰门扇、窗扇制作安装按扇外围面积计算。装饰门扇及成品门扇安装按樘或扇计算。

(8)门扇双面包不锈钢板、门扇单面包皮制和装饰板或隔音面层,均按单面面积计算。

(9)不锈钢板包门框、门窗套、花岗岩门套、门窗筒子板按展开面积计算。

(10)窗帘盒、窗帘轨按延长米计算。

(11)窗台板按实铺面积计算。

(12)电子感应门及转门按定额尺寸以樘计算。

(13)不锈钢电动伸缩门以米计算。

(14)木门窗运输按洞口面积以平方米计算。木门窗在现场制作者,不得计取运输费用。

3.12.5 油漆、涂料、裱糊工程

3.12.5.1 油漆、涂料、裱糊工程说明

(1)本定额刷涂料、刷油漆采用手工操作;喷塑、喷涂采用机械操作。操作方法不同时,不予调整。

(2)门窗油漆定额内包括多面油漆和贴脸,玻璃压条的油漆工料在内。

(3)油漆浅、中、深各种颜色,已综合在定额内,颜色不同不另调整。

(4)本定额在同一平面上的分色及门窗内外分色已综合考虑。如需做美术图案者,另行计算。

(5)定额内规定的喷、涂、刷遍数与设计要求不同时,可按每增加一遍定额项目进行调整。

(6)喷塑(一塑三油)、底油、装饰漆、面油,其规格划分如下:

①大压花:喷点压平,点面积在 $1.2cm^2$ 以上。

②中压花:喷点压平,点面积在 $1\sim1.2cm^2$ 之间。

③喷中点、幼点:喷点面积在 $1cm^2$ 以下。

(7)定额中的双层木门窗(单裁口)是指双层框扇。三层二玻一纱窗是指双层框三层扇。

(8)定额中的单层木门刷油是按双面刷油考虑的,如采用单面刷油,其定额含量乘以系数0.49计算。

(9)定额中的木扶手油漆为不带托板考虑。

(10)天棚顶面刮仿瓷、刷乳胶漆、喷涂等套相应子目后,其人工乘以系数1.10。

3.12.5.2 油漆、涂料、裱糊工程工程量计算规则

(1)定额中隔墙、护壁、柱、天棚的木龙骨及木地板中木龙骨带毛地板,刷防火涂料工程量计算规则如下:

①隔墙、护壁木龙骨按其面层正立面投影面积计算。

②柱木龙骨按其面层外围面积计算。

③天棚木龙骨按其水平投影面积计算。

(2)隔墙、护壁、柱、天棚面层及木地板刷防火涂料执行其他木材面刷防火涂料相应子目。

(3)木材面油漆、金属面油漆的工程量分别按各表规定乘以系数计算。

3.12.6 其他工程

3.12.6.1 其他工程说明

(1)本章定额项目在实际施工中使用的材料品种、规格与定额取定不同时,可以换算,但人工、机械不变。

(2)本章定额中铁件已包括刷防锈漆一遍,如设计需涂油漆、防火涂料按相应子目执行。

(3)柜类、货架定额中未考虑面板拼花及饰面板上贴其他材料的花饰、造型艺术品,货架、柜类图见本定额后面附图。柜类、货架设计如与附图不同时,均执行非附图家具类项目。

(4)非附图家具类项目的定额:

①家具类不分家具功能、名称,只按家具结构部位分别按台面、侧面、层板、抽屉、柜门、底板、顶板、背板套用相应定额,凡无定额子目可套的部位均套侧面板相应子目。饰面板层数如与定额不同可按实际层数调整,饰面板减少一层,人工乘以系数 0.75,未贴饰面板,人工乘以系数 0.5。

②木质推拉柜门套平开柜门子目,但应扣减桥型铰链、门吸,增加轨道。轨道套门窗工程中轨道安装子目。

③家具类适用实木家具。

(5)暖气罩挂板式是指钩挂在暖气片上;平墙式是指凹入墙内;明式是指凸出墙面;半凹半凸式按明式定额子目执行。

(6)装饰线条。

①石膏、木装饰线均以成品安装为准。

②石材装饰线条均以成品安装为准。成品石材装饰线条的磨边、磨圆角均包括在成品的单价中,不再另计。

(7)石材磨边、磨斜边、磨半圆边及台面开孔子目均为现场磨制。

(8)装饰线条以墙面上直线安装为准,如天棚安装直线型、圆弧型或其他图案者,按以下规定计算:

①天棚面安装直线装饰线条人工乘以系数 1.34。

②天棚面安装圆弧装饰线条人工乘以系数 1.6,材料乘以系数 1.1。

③墙面安装圆弧装饰线条人工乘以系数 1.2,材料乘以系数 1.1。

④装饰线条做艺术图案者,人工乘以系数 1.8,材料乘以系数 1.1。

(9)招牌基层。

①平面招牌是指安装在门前的墙面上;箱体招牌、竖式标箱是指立面体固定在墙面上;沿雨篷、檐口、阳台走向立式招牌,按平面招牌复杂项目执行。

②一般招牌和矩形招牌是指正立面平整无凸面;复杂招牌和异形招牌是指正立面有凹凸造型。

③招牌的灯饰均不包括在定额内。

(10)美术字安装。

①美术字均以成品安装固定为准。

②美术字不分字体均执行本定额。

3.12.6.2 其他工程工程量计算规则

(1)柜橱、货架类均以正立面的高(包括脚的高度在内)乘以宽度以平方米计算。

(2)收银台、试衣间等以个计算,其他以延长米计算。

(3)非附图家具按其成品各部位最大外切矩形正投影面积以平方米计算(抽屉按挂面投影面积,层板不扣除切角的投影面积)。

(4)暖气罩(包括脚的高度在内)按边框外围尺寸垂直投影面积计算。

(5)招牌、灯箱

①平面招牌基层按正立面面积计算,复杂的凹凸造型部分亦不增减。

②沿雨篷、檐口或阳台走向的立式招牌基层按平面招牌复杂型执行时,应按展开面积计算。

③箱体招牌和竖式标箱的基层按外围体积计算。突出墙外的灯饰、店徽及其他艺术装潢等均另行计算。

④灯箱的面层按展开面积以平方米计算。

⑤广告牌钢骨架以吨计算。

(6)压条、装饰线条均按延长米计算。

(7)石材、玻璃开孔按个计算,金属面开孔按周长以米计算。

(8)石材及玻璃磨边按其延长米计算。

(9)美术字安装按字的最大外围矩形面积以个计算。

(10)镜面玻璃安装、盥洗室木镜箱以正立面面积计算。

(11)塑料镜箱、毛巾环、肥皂盒、金属帘子杆、浴缸拉手、毛巾杆安装以只或副计算。洗漱台以台面延长米计算(不扣除孔洞面积)。

(12)拆除工程量按拆除面积或长度计算,执行相应子目。

3.12.7 超高增加费

3.12.7.1 超高增加费说明

(1)本定额适用于建筑物檐高 20m 以上的工程。

(2)檐高是指设计室外地坪至檐口的高度。突出主体建筑屋顶的电梯间、水箱间等不计入檐高之内。

3.12.7.2 超高增加费工程量计算规则

装饰装修楼面(包括楼层所有装饰装修工程量)区别不同的垂直运输高度(单层建筑物为檐口高度)以人工费与机械费之和按元分别计算。

3.12.8 施工技术措施项目

3.12.8.1 成品保护工程

1.成品保护工程说明

成品保护是指对已做好的项目面层上覆盖保护层,实际施工中未覆盖的不得计算成品保护费。

2.成品保护工程工程量计算规则

成品保护按被保护面积计算。

3.12.8.2 装饰装修脚手架工程

1.装饰装修脚手架说明

装饰装修脚手架包括满堂脚手架、外脚手架、内墙面粉饰脚手架。

2.装饰装修脚手架工程量计算规则

(1)满堂脚手架,按实际搭设的水平投影面积计算,不扣除附墙柱、柱所占的面积,其基本层高以 3.6m 以上至 5.2m 以内的天棚抹灰及装饰,应计算满堂脚手架基本层;层高超过 5.2m,每增加 1.2m,增加层的层数＝(层高－5.2m)÷1.2m,按四舍五入取整数。室内凡计算了满堂脚手架,其内墙面粉饰不再计算粉饰脚手架,只按每 100m² 墙面垂直投影面积增加改架工1.28工日。

(2)装饰装修外脚手架,按外墙的外边线长乘墙高以平方米计算,不扣除门窗洞口的面积。同一建筑物各面墙的高度不同且不在同一定额步距内时,应分别计算工程量。定额中所指的高度,是指建筑物自设计室外地坪面至外墙顶点或构筑物顶面的高度。

(3)独立柱按柱周长增加 3.6m 乘柱高套用装饰装修外脚手架相应高度的定额。

(4)内墙面粉饰脚手架,均按内墙面垂直投影面积计算,不扣除门窗洞口的面积。

(5)高度超过 3.6m 的喷浆,每 100m² 按 50 元包干使用。

3.12.8.3 垂直运输工程

1.垂直运输工程说明

(1)本章定额垂直运输按人工运输和机械运输两种方式考虑。人工运输指不能利用机械载运材料而通过楼梯人力进行垂直运输的方式。再次装饰装修利用电梯进行垂直运输按实计算。

(2)垂直运输高度:设计室外地坪以上部分指室外地坪至相应楼面的高度。

(3)檐口高度 3.6m 以内的单层建筑物,不计垂直运输费。

(4)单层高度超过 3.6m 或一层以上的地下室可计算垂直运输费。

(5)人工垂直运输按自然层计算垂直运输费。

(6)本定额不包括大型机械进出场及安拆费。

2.垂直运输工程工程量计算规则

(1)人工运输工程量按每层所有装饰装修人工费计算。

(2)机械运输。

①装饰装修楼(包括楼层所有装饰装修工程量)区别不同垂直运输高度(单层建筑物为檐口高度)按定额工日分别计算。

②地下室按其全部装饰装修工程的工日数,套用 20m 以内高度的定额子目。

3.12.8.4 附录说明

(1)各项配合比制作所需的人工、机械已包括在各相应定额子目中。

(2)本定额的各项配合比的材料用量仅供编制预算时确定预算价值使用。如实际施工用料不同时,不予调整。

(3)各种材料的配置损耗已包括在定额用量中。

(4)本定额各种混凝土的材料用量,均以干硬后的密实体积计算的;抹灰砂浆的材料用量,是按实体积计算的,砌筑浆在定额用量内考虑了压实因素,各种保温材料及垫层材料均已考虑了压实因素,使用时不得再加虚实体积系数。

(5)附录:混凝土、砂浆等配合比表、材料预算价格表、机械台班费用定额。

3.12.8.5 装饰装修工程计算实例

【例 3-14】 如图 3-120 所示某建筑一层装饰工程,墙厚 240mm,木门 M1:800×2100mm,木门 M2:1000mm×2100mm,铝合金窗 C1:1200mm ×1500mm,轴线尺寸为墙中心线,地面为地砖饰面,地砖踢脚线高 150mm。如果设计外墙总高 3.3m,内墙净高 2.9m。试计算:①地砖地面的饰面工程量;②地砖地面踢脚线工程量;③内墙面水泥砂浆粉刷、刮瓷二遍工程量;④外墙面水泥砂浆打底、面层刷高级涂料工程量;⑤木门及铝合金窗工程量。

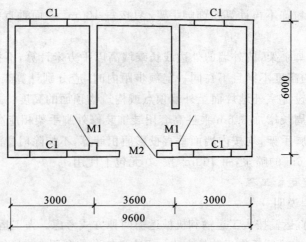

图 3-120　某建筑一层平面图

【解】

(1)地砖地面的饰面

工程量 = 2.76×5.76×2＋3.36×5.76 ＋0.8×0.24×2＋1×0.24

　　　　= 51.77　（m²）

(2)地砖地面踢脚线

工程量 = (5.76×6 ＋2.76×4 ＋3.36×2－0.8×4－1＋0.24×6)×0.15

　　　　= 7.43　（m²）

(3)内墙面水泥砂浆粉刷、刮瓷二遍

工程量 = 52.32×2.9－0.8×2.1×4－1×2.1－1.2×1.5×4

　　　　= 135.71　　（m²）

(4)外墙面水泥砂浆打底、面层刷高级涂料

工程量 =[(9.6＋0.24)＋(6＋0.24)]×2×3.3－1×2.1－1.2×1.5×4

　　　　= 96.83　　（m²）

(5)门窗工程量

木门工程量 = 0.8×2.1×2＋1×2.1 = 5.46　　（m²）

铝合金窗工程量 S = 1.2×1.5×4 = 7.2　　（m²）

【例 3-15】　如上题图纸装饰设计地面改为水磨石整体面层,水磨石踢脚线。试计算:①水磨石整体面层地面的工程量;②水磨石(120mm高)踢脚线工程量;③顶棚水泥砂浆粉刷、刮瓷二遍工程量;④顶棚胡桃木顶角线工程量。

【解】

(1)水磨石整体面层地面工程量 = (6－0.24)×(3－0.24)×2＋(6－0.24)×

　　　　　　　　　　　　　　　　(3.6 －0.24)

　　　　　　　　　　　　　　= 51.15　（m²）

(2)水磨石踢脚线工程量 = 5.76×6＋2.76×4＋3.36×2 = 52.32　（m）

(3)顶棚水泥砂浆粉刷、刮瓷二遍工程量 = 51.15　（m²）

(4)顶棚胡桃木顶角线工程量 = 52.32　（m）

任务四　建筑工程造价计算实例

4.1　运用统筹法计算工程量

4.1.1　统筹法计算工程量的要点

施工图预算中工程量计算的特点是,项目多、数据量大、费时间,这与编制预算既快又准的基本要求相悖。如何简化工程量计算,提高计算速度和准确性是人们一直关注的问题。

统筹法是一种用来研究、分析事物内在规律及相互依赖关系,从全局角度出发,明确工作重点,合理安排工作顺序,提高工作质量和效率的科学管理方法。

运用统筹思想对工程量计算过程进行分析后,可以看出,虽然各项工程量计算各有特点,但有些数据存在着内在的联系。例如,外墙地槽、外墙基础垫层、外墙基础可以用同一个长度计算工程量。如果我们抓住这些基本数据,利用它来解决计算较多工程量的这个主要矛盾,就能达到简化工程量计算的目的。

1.统筹程序,合理安排

统筹程序、合理安排工程量的计算顺序,是应用统筹法计算工程量的要点,其思想是不按施工顺序或传统的顺序计算工程量,只按计算简便的原则安排工程量计算顺序。如有关地面项目工程量计算顺序按施工顺序完成:

$$\underset{\text{长×宽×厚}}{\overset{\text{室内回填土}}{}} \textcircled{1} \quad \underset{\text{长×宽×厚}}{\overset{\text{地面垫层}}{}} \textcircled{2} \quad \underset{\text{长×宽}}{\overset{\text{地面面层}}{}} \textcircled{3}$$

这一顺序,计算了三次"长×宽"。如果按计算简便的原则安排,上述顺序变为:

$$\underset{\text{长×宽}}{\overset{\text{地面面层}}{}} \textcircled{1} \quad \underset{\text{地面面层×厚}}{\overset{\text{地面垫层}}{}} \textcircled{2} \quad \underset{\text{地面面层×厚}}{\overset{\text{室内回填土}}{}} \textcircled{3}$$

显然,第二种顺序只需计算一次"长×宽",节省了时间,简化了计算,也提高了结果的准确度。

2.利用基数连续计算

基数是指在计算工程量的过程中重复使用的一些基本数据。包括 $L_{中}$、$L_{内}$、$L_{外}$、$S_{底}$,简称"三线一面"。

只要事先计算好这些数据,提供给后面工程量计算时使用,就可以提高工程量的计算速度。运用基数计算工程量是统筹法的重要思想。

4.1.2　统筹法计算工程量的方法

1.外墙中线长

外墙中线长用 $L_{中}$ 表示,是指围绕建筑物的外墙中心线长度之和。利用 $L_{中}$,可以计算表4-1所列项目的工程量。

表 4-1　利用 $L_中$ 计算工程量的项目

基数名称	项目名称	计算方法
$L_中$	外墙基槽	$V=L_中×$ 基槽断面积
	外墙基础垫层	$V=L_中×$ 垫层断面积
	外墙基础	$V=L_中×$ 基础断面积
	外墙体积	$V=(L_中×$ 墙高$-$门窗面积$)×$ 墙厚
	外墙圈梁	$V=L_中×$ 圈梁断面积
	外墙基防潮层	$S_底=L_中×$ 墙厚

2.内墙净长

内墙净长用 $L_内$ 表示,是指建筑物内隔墙的长度之和。利用 $L_内$ 可以计算表 4-2 所列项目的工程量。

表 4-2　利用 $L_内$ 计算工程量的项目

基数名称	项目名称	计算方法
$L_内$	内墙基槽	$V=(L_内-$ 调整值$)×$ 基槽断面积
	内墙基础垫层	$V=(L_内-$ 调整值$)×$ 垫层断面积
	内墙基础	$V=L_内×$ 基础断面积
	内墙体积	$V=(L_内×$ 墙高$-$门窗面积$)×$ 墙厚
	内墙圈梁	$V=L_内×$ 圈梁断面积
	内墙基防潮层	$S=L_内×$ 墙厚

3.外墙外边长

外墙外边长用 $L_外$ 表示,是指围绕建筑物的外墙外边的长度之和。利用 $L_外$ 可以计算表 4-3 所列项目的工程量。

表 4-3　利用 $L_外$ 计算工程量的项目

基数名称	项目名称	计算方法
$L_外$	人工平整场地	$S=L_外×2+16+S_底$
	墙脚排水坡	$S=(L_外+4×$ 散水宽$)×$ 散水宽
	墙脚明沟(暗沟)	$L=L_外+8×$ 散水宽$+4×$ 明沟(暗沟)宽
	外墙脚手架	$S=L_外×$ 墙高
	挑檐	$V=(L_外+4×$ 挑檐宽$)×$ 挑檐断面积

4.建筑底层面积

建筑底层面积用 $S_底$ 表示。利用 $S_底$ 可以计算表 4-4 所列项目的工程量。

表 4-4　利用 $S_底$ 计算工程量的项目

基数名称	项目名称	计算方法
$S_底$	人工平整场地	$S=S_底+bh×2+16$
	室内回填土	$V=(S_底-$ 墙结构面积$)×$ 厚度
	地面垫层	$V=(S_底-$ 墙结构面积$)×$ 厚度
	地面面层	$S=S_底-$ 墙结构面积
	顶棚抹灰	$S=S_底-$ 墙结构面积
	屋面防水卷材	$S=S_底-$ 女儿墙结构面积$+$四周卷起面积

4.2 建筑安装费用计算

4.2.1 建筑工程定额计价的概念及组成

建筑安装消耗量定额是为了确定直接费的定额。建筑安装工程费用定额是为了确定除直接工程费以外的组织措施费、间接费、利润、规费、税金等专项费用所需费用的定额,它是反映专项费用社会必要劳动量的百分率和标准。

根据中华人民共和国建设部及财政部 2003 年 10 月 5 日联合颁发的关于印发《建筑安装工程费用项目组成》的通知(建标[2003]206 号),我国现行建筑工程费用由直接费、间接费、利润和税金四部分等构成(图 4-1)。

4.2.1.1 直接费

直接费由直接工程费和措施费组成。

1. 直接工程费

直接工程费是指工程施工过程中耗费的构成工程实体的各项费用,包括人工费、材料费、施工机械使用费。

(1)人工费

人工费是指直接从事建筑安装工程施工的生产工人开支的各项费用,内容包括:

①基本工资:是指发放给生产工人的基本工资。

②工资性补贴:是指按规定标准发放的物价补贴,煤、燃气补贴,交通补贴,住房补贴,流动施工津贴等。

③生产工人辅助工资:是指生产工人年有效施工天数以外非作业天数的工资,包括职工学习、培训期间的工资,调动工作、探亲、休假期间的工资,因气候影响的停工工资,女工哺乳期间的工资,病假在 6 个月以内的工资及产、婚、丧假期的工资。

④职工福利费:是指按规定标准计提的职工福利费。

⑤生产工人劳动保护费:是指按规定标准发放的劳动保护用品的购置费及修理费,徒工服装补贴,防暑降温费,在有碍身体健康环境中施工的保健费用等。

(2)材料费

材料费是指施工过程中耗费的构成工程实体的原材料、辅助材料、构配件、零件、半成品的费用。内容包括:

①材料原价(或供应价格)。

②材料运杂费:是指材料自来源地运至工地仓库或指定堆放地点所产生的全部费用。

③运输损耗费:是指材料在运输装卸过程中不可避免的损耗。

④采购及保管费:是指为组织采购、供应和保管材料过程中所需要的各项费用。包括采购费、仓储费、工地保管费、仓储损耗费。

(3)施工机械使用费

施工机械使用费是指施工机械作业所发生的机械使用费以及机械安拆费和场外运费。

施工机械台班单价应由下列七项费用组成:

①折旧费:是指施工机械在规定的使用年限内,陆续收回其原值及支付贷款利息等费用。

②大修理费:是指施工机械按规定的大修理间隔台班进行必要的大修理,以恢复其正常功能所需的费用。

③经常修理费:是指施工机械除大修理以外的各级保养和临时故障排除所需的费用。包括为保障机械正常运转所需替换设备与随机配备工具附具的摊销和维护费用,机械运转中日常保养所需润滑与擦拭的材料费用及机械停滞期间的维护和保养费用等。

④安拆费及场外运费:安拆费是指一般施工机械(不包括大型机械)在现场进行安装与拆卸所需的人工、材料、机械和试运转费用以及机械辅助设施的折旧、搭设、拆除等费用;场外运费是指一般施工机械(不包括大型机械)整体或分体自停放地运至施工场地或由一施工场地运至另一施工场地的运输、装卸、辅助材料及架线等费用。

⑤人工费:是指机上司机(司炉)和其他操作人员的工作日人工费及上述人员在施工机械规定的年工作台班以外的人工费。

⑥燃料动力费:是指施工机械在运转作业中所消耗的固体燃料(煤、木柴)、液体燃料(汽油、柴油)及水、电等。

⑦养路费及车船使用税:指施工机械按照国家和有关部门规定应缴纳的养路费、车船使用税、保险费及年检费等。

2.措施费

措施费是指为完成工程项目施工,发生于该工程施工前和施工过程中非工程实体项目的费用,包括内容:

(1)环境保护费:是指施工现场为达到环保部门要求所需要的各项费用。

(2)文明施工费:是指施工现场文明施工所需要的各项费用。

(3)安全施工费:是指施工现场安全施工所需要的各项费用。

(4)临时设施费:是指施工企业为进行建筑工程施工所必须搭设的生活和生产用的临时建筑物、构筑物和其他临时设施费用等。

临时设施包括:临时宿舍、文化福利及公用事业房屋与构筑物,仓库、办公室、加工厂以及规定范围内道路、水、电、管线等临时设施和小型临时设施。

临时设施费用包括:临时设施的搭设、维修、拆除费和摊销费。

(5)夜间施工增加费:是指因夜间施工所发生的夜班补助、夜间施工降效、夜间施工照明设备摊销、照明用电等费用。

(6)二次搬运费:是指因施工场地狭小等特殊情况而发生的二次搬运费用。

(7)大型机械设备进出场及安拆费:是指机械整体或分体自停放场地运至施工现场或由一个施工地点运至另一个施工地点所发生的机械进出场运输及转移费用以及机械在施工现场进行安装、拆卸所需的人工费、材料费、机械费、试运转费和安装所需的辅助设施的费用。

(8)混凝土、钢筋混凝土模板及支架费:是指混凝土施工过程中需要的各种钢模板、木模板、支架等的支、拆、运输费用及模板、支架的摊销(或租赁)费用。

(9)脚手架费:是指施工需要的各种脚手架搭、拆、运输费用及脚手架的摊销(或租赁)费用。

(10)已完工程及设备保护费:是指竣工验收前,对已完工程及设备进行保护所需费用。

(11)施工排水费及降水费:是指为确保工程在正常条件下施工,采取各种排水、降水措施所发生的各种费用。

4.2.1.2 间接费

间接费由规费和企业管理费组成。

1.规费

规费是指政府和有关权力部门规定必须缴纳的费用(简称规费)。包括:

(1)工程排污费:是指施工现场按规定缴纳的工程排污费。

(2)工程定额测定费:是指按规定支付工程造价管理机构的定额测定费。

(3)社会保障费:

①养老保险费:是指企业按国家规定标准为职工缴纳的基本养老保险费。

②失业保险费:是指企业按照国家规定标准为职工缴纳的失业保险费。

③医疗保险费:是指企业按照国家规定标准为职工缴纳的基本医疗保险费。

(4)住房公积金:是指企业按国家规定标准为职工缴纳的住房公积金。

(5)危险作业意外伤害保险:是指按照《中华人民共和国建筑法》规定,企业为从事危险作业的建筑安装施工人员支付的意外伤害保险费。

2.企业管理费

企业管理费是指建筑安装企业组织施工生产和经营管理所需费用。内容包括:

(1)管理人员工资:是指管理人员的基本工资、工资性补贴、职工福利费、劳动保护费等。

(2)办公费:是指企业管理办公用的文具、纸张、账表、印刷、邮电、书报、会议、水电、烧水和集体取暖(包括现场临时宿舍取暖)用煤等费用。

(3)差旅交通费:是指职工因公出差、调动工作的差旅费、住勤补助费,市内交通费和误餐补助费,职工探亲路费,招募费,职工离退休、退职一次性路费,工伤人员就医路费,工地转移费以及管理部门使用的交通工具的油料、燃料、养路费及牌照费。

(4)固定资产使用费:是指管理和试验部门及附属生产单位使用的属于固定资产的房屋、设备仪器等的折旧、大修、维修或租赁费。

(5)工具用具使用费:是指管理使用的不属于固定资产的生产工具、器具、家具、交通工具和检验、试验、测绘、消防用具等的购置、维修和摊销费。

(6)劳动保险费:是指由企业支付离退休职工的易地安家补助费、职工退职金、6个月以上的病假人员工资、职工死亡丧葬补助费、抚恤费、按规定支付给离退休干部的各项经费。

(7)工会经费:是指企业按职工工资总额计提的工会经费。

(8)职工教育经费:是指企业为职工学习先进技术和提高文化水平,按职工工资总额计提的费用。

(9)财产保险费:是指施工管理用财产、车辆保险。

(10)财务费:是指企业为筹集资金而发生的各种费用。

(11)税金:是指企业按规定缴纳的房产税、车船使用税、土地使用税、印花税等。

(12)其他:包括技术转让费、技术开发费、业务招待费、绿化费、广告费、公证费、法律顾问费、审计费、咨询费等。

4.2.1.3 利润

利润是指施工企业完成所承包工程获得的盈利。

4.2.1.4 税金

税金是指国家税法规定的应计入建筑工程造价内的营业税、城市维护建设税及教育费附加等。

1. 营业税

营业税是按营业额乘以营业税税率确定。其中建筑安装企业营业税税率为 3％。

营业额是指从事建筑、安装、修缮、装饰及其他工程作业收取的全部收入，还包括建筑、修缮、装饰工程所用原材料及其他物资和动力的价款。当安装的设备的价值作为安装工程产值时，亦包括所安装设备的价款。但建筑安装工程总承包方将工程分包或转包给他人的，其营业额中不包括付给分包方的价款。

2. 城市维护建设税

城市维护建设税，它是国家为了加强城市的维护建设，稳定和扩大城市、乡镇维护建设的资金来源，而对有经营收入的单位和个人征收的一种税。城市维护建设税是按应纳营业税乘以适用税率确定。

城市维护建设税的纳税地点在市区的企业，其适用税率为营业税的 7％；纳税地点在县城、镇企业，其适用税率为营业税的 5％；纳税地点不在市区、县城、镇的企业，其适用税率为营业税的 1％。

3. 教育费附加

教育费附加是按应交纳营业税额乘以适用税率确定。

建筑安装企业的教育费附加要与其营业税同时缴纳。即使办有职工子弟学校的建筑安装企业，也应当先缴纳教育费附加，教育部门可根据企业的办学情况，酌情返还给办学单位，作为对办学经费的补助。

4.2.2 建筑安装工程费用的计算方法

建筑安装工程费用各组成部分(图 4-1)计算方法如下：

4.2.2.1 直接费

1. 直接工程费

$$直接工程费＝人工费＋材料费＋施工机械使用费$$

人工费：

$$人工费 = \sum(工日消耗量 \times 日工资单价) \tag{4-1}$$

$$日工资单价(G) = \sum_1^5 G_i \tag{4-2}$$

(1) 基本工资

$$基本工资(G_1) = \frac{生产工人平均月工资}{年平均每月法定工作日} \tag{4-3}$$

(2) 工资性补贴

$$\begin{matrix}工资性\\补贴(G_2)\end{matrix} = \frac{\sum 年发放标准}{全年日历日 - 法定假日} + \frac{\sum 年发放标准}{年平均每月法定工作日} + \begin{matrix}每工作日\\发放标准\end{matrix} \tag{4-4}$$

(3) 生产工人辅助工资

$$生产工人辅助工资(G_3) = \frac{全年无效工作日}{全年日历日 - 法定假日}(G_1 + G_2) \tag{4-5}$$

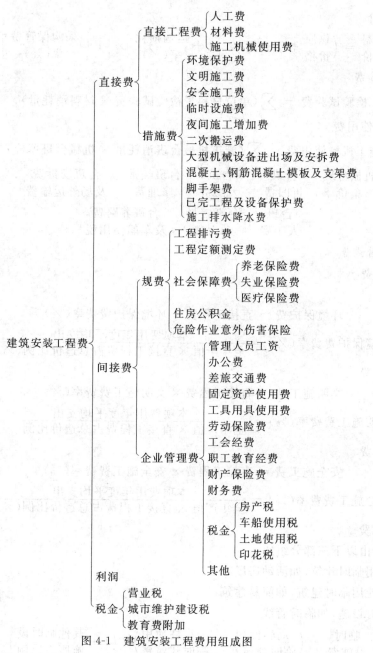

图 4-1　建筑安装工程费用组成图

（4）职工福利费

$$职工福利费(G_4) = \frac{生产工人年平均支出职工福利费}{全年日历日 - 法定假日} \qquad (4-6)$$

（5）生产工人劳动保护费

$$生产工人劳动保护费(G_5) = \frac{生产工人年平均支出劳动保护费}{全年日历日 - 法定假日} \qquad (4-7)$$

2. 材料费

$$材料费 = \sum (材料消耗量 \times 材料基价) + 检验试验费 \qquad (4-8)$$

(1)材料基价

$$材料基价 = \left(\begin{matrix}供应\\价格\end{matrix} + 运杂费\right) \times \left[1 + \begin{matrix}运输损耗\\率(\%)\end{matrix}\right] \times \left[1 + \begin{matrix}采购保管费\\率(\%)\end{matrix}\right] \qquad (4-9)$$

(2)检验试验费

$$检验试验费 = \sum (单位材料量检验试验费 \times 材料消耗量) \qquad (4-10)$$

3.施工机械使用费

$$施工机械使用费 = \sum (施工机械台班消耗量 \times 机械台班单价) \qquad (4-11)$$

$$\begin{aligned}\begin{matrix}机械台班\\单价\end{matrix} &= \begin{matrix}台班\\折旧费\end{matrix} + \begin{matrix}台班\\大修费\end{matrix} + \begin{matrix}台班经常\\修理费\end{matrix} + \begin{matrix}台班安拆费\\及场外运输费\end{matrix}\\ &+ \begin{matrix}台班\\人工费\end{matrix} + \begin{matrix}台班燃料\\动力费\end{matrix} + \begin{matrix}台班养路费\\及车船使用税\end{matrix}\end{aligned} \qquad (4-12)$$

4.2.2.2 措施费

1.环境保护费

$$环境保护费 = 直接工程费 \times 环境保护费费率(\%) \qquad (4-13)$$

$$环境保护费费率(\%) = \frac{本项费用年度平均支出}{全年产值 \times 直接工程费占总造价比例(\%)} \qquad (4-14)$$

2.文明施工费

$$文明施工费 = 直接工程费 \times 文明施工费费率(\%) \qquad (4-15)$$

$$文明施工费费率(\%) = \frac{本项费用年度平均支出}{全年产值 \times 直接工程费占总造价比例(\%)} \qquad (4-16)$$

3.安全施工费

$$安全施工费 = 直接工程费 \times 安全施工费费率(\%) \qquad (4-17)$$

$$安全施工费费率(\%) = \frac{本项费用年度平均支出}{全年产值 \times 直接工程费占总造价比例(\%)} \qquad (4-18)$$

4.临时设施费

临时设施费由以下三部分组成:

(1)周转使用临时建筑,如活动房屋。

(2)一次性使用临时建筑,如简易建筑。

(3)其他临时设施,如临时管线。

$$\begin{matrix}临时\\设施费\end{matrix} = \left(\begin{matrix}周转使用\\临时建筑费\end{matrix} + \begin{matrix}一次性使用\\临时建筑费\end{matrix}\right) \times \left(1 + \begin{matrix}其他临时设\\施所占比例\end{matrix}\right) \qquad (4-19)$$

其中:

①周转使用临时建筑费

$$\begin{matrix}周转使用临时\\建筑费\end{matrix} = \sum \left[\frac{临时建筑面积 \times 每平方米造价}{使用年限 \times 365 \times 利用率(\%)} \times 工期(天)\right] + \begin{matrix}一次性\\拆除费\end{matrix} \qquad (4-20)$$

②一次性使用临时建筑费

$$\begin{matrix}一次性使用\\临时建筑费\end{matrix} = \sum \begin{matrix}临时建\\筑面积\end{matrix} \times \begin{matrix}每平方米\\造价\end{matrix} \times \left[1 - \begin{matrix}残值\\率(\%)\end{matrix}\right] + \begin{matrix}一次性\\拆除费\end{matrix} \qquad (4-21)$$

5.夜间施工增加费

$$夜间施工增加费 = \left(1 - \frac{合同工期}{定额工期}\right) \times \frac{直接工程量中的人工费合计}{平均日工资单价} \times 每工日夜间施工费开支 \tag{4-22}$$

6.二次搬运费

$$二次搬运费 = 直接工程费 \times 二次搬运费费率(\%) \tag{4-23}$$

$$二次搬运费费率(\%) = \frac{年平均二次搬运费开支额}{全年建筑安装产值 \times 直接工程费占总造价的比例} \tag{4-24}$$

7.大型机械设备进出场及安拆费

$$大型机械设备进出场及安拆费 = \frac{一次性进出场及安拆费 \times 年平均安拆次数}{年工作台班} \tag{4-25}$$

8.混凝土、钢筋混凝土模板及支架费

$$模板及支架费 = 模板摊销量 \times 模板价格 + 支、拆、运输费 \tag{4-26}$$

$$模板摊销量 = 一次使用量 \times \left(1 + 施工损耗\right) \times \left[1 + \frac{(周转次数-1) \times 补损率}{周转次数} - \frac{1-补损率}{周转次数}\right]$$

（补损率可按 50％计算） \qquad (4-27)

$$租赁费 = 模板使用量 \times 使用日期 \times 租赁价格 + 支、拆、运输费 \tag{4-28}$$

9.脚手架搭拆费

$$脚手架搭拆费 = 脚手架摊销量 \times 脚手架价格 + 搭建、拆除、运输费 \tag{4-29}$$

$$脚手架摊销量 = \frac{单位一次使用量 \times (1-残值率)}{耐用期 \div 一次使用期} \tag{4-30}$$

$$租赁费 = 脚手架每日租金 \times 搭设周期 + 搭建、拆除、运输费 \tag{4-31}$$

10.已完工程及设备保护费

$$已完工程及设备保护费 = 成品保护所需机械费 + 材料费 + 人工费 \tag{4-32}$$

11.施工排水降水费

$$排水降水费 = \sum 排水降水机械台班费 \times 排水降水周期 \times 排水降水使用材料费、人工费 \tag{4-33}$$

4.2.2.3　间接费

间接费的计算方法按取费基数的不同分为以下三种：

1.以直接费为计算基础

$$间接费 = 直接费合计 \times 间接费费率(\%) \tag{4-34}$$

2.以人工费和机械费合计为计算基础

$$间接费 = 人工费和机械费合计 \times 间接费费率(\%) \tag{4-35}$$

3.以人工费为计算基础

$$间接费 = 人工费合计 \times 间接费费率(\%) \tag{4-36}$$

间接费费率：

$$间接费费率(\%) = 企业管理费费率(\%) + 规费费率(\%) \tag{4-37}$$

(1)企业管理费费率

①以直接费为计算基础

$$企业管理费费率(\%) = \frac{生产工人年平均管理费}{年有效施工天数 \times 人工单价} \times 人工费占直接费的比例 \qquad (4-38)$$

②以人工费和机械费合计为计算基础

$$企业管理费费率(\%) = \frac{生产工人年平均管理费}{年有效施工天数 \times (人工单价 + 每一工日机械使用费)} \times 100\%$$
$$(4-39)$$

③以人工费为计算基础

$$企业管理费费率(\%) = \frac{生产工人年平均管理费}{年有效施工天数 \times 人工单价} \times 100\% \qquad (4-40)$$

(2)规费费率

①以直接费为计算基础

$$规费费率(\%) = \frac{\sum 规费缴纳标准 \times 每万元发承包价计算基数}{每万元发承包价中的直接费含量} \times 人工费占直接费的比例 \qquad (4-41)$$

②以人工费和机械费合计为计算基础

$$规费费率(\%) = \frac{\sum 规费缴纳标准 \times 每万元发承包价计算基数}{每万元发承包价中的人工费和机械费含量} \times 100\% \qquad (4-42)$$

③以人工费为计算基础

$$规费费率(\%) = \frac{\sum 规费缴纳标准 \times 每万元发承包价计算基数}{每万元发承包价中的人工费含量} \times 100\% \qquad (4-43)$$

4.2.2.4 利润

利润计算方法参见表4-5～表4-7。

4.2.2.5 税金

$$税金 = (税前造价 + 利润) \times 税率 \qquad (4-44)$$

4.2.3 建筑工程计价程序

(1)以直接费为计算基础的计价程序见表4-5。

表 4-5 以直接费为计算基础的计价程序

序号	费用项目	计算方法	备 注
1	分项直接工程量	人工费＋材料费＋机械费	
2	间接费	(1)×相应费率	
3	利润	[(1)+(2)]×相应利润率	
4	合计	(1)+(2)+(3)	
5	含税造价	(4)×(1+相应税率)	

(2)以人工费和机械费为计算基础的计价程序见表4-6。

表 4-6　以人工费和机械费为计算基础的计价程序表

序号	费用项目	计算方法	备注
1	分项直接工程量	人工费＋材料费＋机械费	
2	人工费和机械费	人工费＋机械费	
3	间接费	(2)×相应费率	
4	利润	(2)×相应利润率	
5	合计	(1)＋(3)＋(4)	
6	含税造价	(5)×(1＋相应税率)	

(3)以人工费为计算基础的计价程序见表 4-7。

表 4-7　以人工费为计算基础的计价程序表

序号	费用项目	计算方法	备注
1	分项直接工程量	人工费＋材料费＋机械费	
2	直接工程费中人工费	人工费	
3	间接费	(2)×相应费率	
4	利润	(2)×相应利润率	
5	合计	(1)＋(3)＋(4)	
6	含税造价	(5)×(1＋相应税率)	

4.2.4　建筑工程定额计价

(1)以工料机费为基础的单位工程费用计算程序见表 4-8。

表 4-8　以工料机费为基础的单位工程费用计算程序表

序号	费用项目	计算方法
一	直接工程费	工程量×消耗量定额基价
二	技术措施费	按消耗量定额计算
三	组织措施费	[(一)＋(二)]×相应费率
四	价差	按有关规定计算
五	企业管理费	[(一)＋(二)＋(三)]×相应费率
六	利润	[(一)＋(二)＋(三)＋(五)]×相应费率
七	1.社会保障费	[(一)＋(二)＋(三)＋(五)＋(六)]×相应费率
	2.住房公积金	
	3.危险作业意外伤害保险	
	4.工程排污费	
	5.上级(行业)管理费	[(一)＋(二)＋(三)]×相应费率
	6.工程定额测定费	[(一)＋(二)＋(三)＋(五)＋(六)＋(1)＋(2)＋(3)＋(4)＋(5)]×相应费率
八	税金	[(一)＋(二)＋(三)＋(五)＋(六)＋(七)]×相应费率
九	工程费用	(一)＋(二)＋(三)＋(五)＋(六)＋(七)＋(八)

(2)以人工费为基础的单位工程费用计算程序见表 4-9。

表 4-9 以人工费为基础的单位工程费用计算程序表

序号	费用项目		计算方法
一	直接工程费		$\sum$ (工程量×消耗量定额基价)
	其中	1. 人工费	$\sum$ (工日耗用费×人工单价)
二	技术措施费		$\sum$ (工程量×消耗量定额基价)
	其中	2. 人工费	$\sum$ (工日耗用费×人工单价)或按人工费比例计算
三	组织措施费		[(1)+(2)]×相应费率
	其中	3. 人工费	(三)×人工系数
四	价差		按有关规定计算
五	企业管理费		[(1)+(2)+(3)]×相应费率
六	利润		[(1)+(2)+(3)]×相应费率
七	4. 社会保障费		[(1)+(2)+(3)]×相应费率
	5. 住房公积金		
	6. 危险作业意外伤害保险		
	7. 工程排污费		
	8. 上级(行业)管理费		[(一)+(二)+(三)]×相应费率
	9. 工程定额测定费		[(一)+(二)+(三)+(五)+(4)+(5)+(6)+(7)+(8)]×相应费率
八	税金		[(一)+(二)+(三)+(五)+(六)+(七)]×相应费率
九	工程费用		(一)+(二)+(三)+(五)+(六)+(七)+(八)

4.2.5 江西省 2004 年费用定额标准摘要

4.2.5.1 组织措施费计取标准

(1)安全文明施工措施费费率(包括环境保护、文明施工和安全施工费用)计取标准见表 4-10。

表 4-10 安全文明施工措施费费率表

按定额专业划分	计费基础	安全文明措施费费率(%)
建筑工程	工料机费	1.20
装饰工程	工料机费	0.80
大型土石方及单独土石方工程,桩基工程,混凝土及木构件、金属构件制作安装工程	工料机费	0.55

注:①获得该省(市)安全文明样板工地的工程,按上述费率乘以 1.15 系数计算,竣工安全文明综合评价不合格的工程,按上述费率乘以 0.85 系数计算。

②计费程序中的组织措施费不包含安全文明施工措施费的内容,安全文明施工措施费单列,计入总价。

(2)临时设施费费率计取标准见表 4-11。

表 4-11 临时设施费费率计取标准

工程类别			计费基础	临时设施费费率(%)
建筑工程		一类	工料机费	2.47
		二类		2.23
		三类		1.68
		四类		1.26
其中	桩基工程	一类	工料机费	2.04
		二类		1.83
		三类		1.38
	混凝土、木构件制作安装工程	一类	工料机费	1.92
		二类		1.73
		三类		1.30
		四类		0.98
	金属结构制作安装工程	一类	工料机费	1.64
		二类		1.47
		三类		1.11
		四类		0.83
大型土石方及单独土石方工程		机械施工	工料机费	1.84
		人工施工	人工费	3.65
装饰工程		一类	人工费	7.97
		二类		7.18
		三类		6.10
		四类		5.19

(3)检验试验费等六项组织措施费费率计取标准见表 4-12。

表 4-12 检验试验费等六项组织措施费费率表(%)

计费基础		工料机费(建筑、机械土石方)	人工费(安装、人工土石方/装饰)
综合费率		1.75	8.72/7.00
其中	1.检验试验费	0.25	1.25/1.00
	2.夜间施工增加费	0.35	1.75/1.40
	3.二次搬运费	0.35	1.75/1.40
	4.冬雨季施工增加费	0.25	1.25/1.40
	5.生产工具用具使用费	0.35	1.75/1.40
	6.工程定位、点交、场地清理费	0.20	1.00/10.80
	7.其他组织措施费	—	—

4.2.5.2 企业管理费费率计取标准(表4-13)

表 4-13　企业管理费费率计取标准

工程类别			计费基础	企业管理费费率(%)
建筑工程		一类	工料机费	8.03
		二类		7.51
		三类		5.45
		四类		3.54
其中	桩基工程	一类	工料机费	6.21
		二类		5.87
		三类		4.52
	混凝土、木构件制作安装工程	一类	工料机费	5.84
		二类		5.59
		三类		4.33
		四类		3.10
	金属结构制作安装工程	一类	工料机费	4.59
		二类		4.52
		三类		3.58
		四类		2.51
大型土石方及单独土石方工程		机械施工	工料机费	4.90
		人工施工	人工费	11.40
装饰工程		一类	人工费	26.96
		二类		23.45
		三类		18.93
		四类		13.33

4.2.5.3 利润率计取标准摘要(表4-14)

表 4-14　利润率计取标准

工程类别		计费基础	利润率(%)
建筑工程	一类	工料机费	6.50
	二类		5.50
	三类		4.00
	四类		3.00

工程类别			计费基础	利润费(%)
其中	桩基工程	一类	工料机费	6.25
		二类		5.25
		三类		3.75
	混凝土、木构件制作安装工程	一类	工料机费	6.00
		二类		5.00
		三类		3.50
		四类		2.50
	金属结构制作安装工程	一类	工料机费	5.75
		二类		4.75
		三类		3.25
		四类		2.25
大型土石方及单独土石方工程		机械施工	工料机费	4.50
		人工施工	人工费	7.00
装饰工程		一类	人工费	25.08
		二类		20.77
		三类		16.79
		四类		12.72

4.2.5.4 规费费率计取标准(表 4-15)

表 4-15 规费费率(%)

计算基础		工料机费(建筑、机械土石方)	人工费(安装、人工土石方/装饰)
1.社会保障费			
其中	(1)养老保险费	3.25	21.67/16.25
	(2)失业保险费	0.16	1.07/0.80
	(3)医疗保险费	0.98	6.53/4.90
2.住房公积金		0.81	5.40/4.05
3.危险作业意外伤害保险		0.10	0.66/0.50
4.工程排污费		0.05	0.33/0.25
1~4 小计		5.35	35.66/26.75
5.工程定额测定费		0.20	
6.上级(行业)管理费		0.50(清单)/ 0.6(定额)	

说明:①表中工程定额测定费系数为非住宅工程系数;住宅工程系数为0.14;一项工程既有住宅建设又有非住宅建设,分别按不同标准计算。

②工程定额测定费、上级(行业)管理费不论建筑、装饰工程均以"工料机费"为计费基础,具体计算方法按计费程序规定。

③上级(行业)管理费中系数0.5适用于清单计价,系数0.6适用于定额计价。

4.2.5.5 税金计取标准摘要

营业税、城市建设维护税、教育费附加综合税率见表4-16。

表 4-16 综合税率(不含税工程造价)

项目 工程所在地	工程所在地在市区	工程所在地在县城、镇	工程所在地不在市区、县城或镇
综合税率(%)	3.413	3.348	3.220

4.2.5.6 建筑工程类别划分标准

1.建筑工程类别划分标准(表4-17)

表 4-17 建筑工程类别划分标准

项目			单位	工程类别			
				一类	二类	三类	四类
工业建筑	单层	檐口高度	m	≥18	≥12	≥9	<9
		跨度	m	≥24	≥18	≥12	<12
	多层	檐口高度	m	≥27	≥18	≥12	<12
		建筑面积	m²	≥6000	≥4000	≥1500	<1500
民用建筑	公共建筑	檐口高度	m	≥39	≥27	≥18	<18
		跨度	m	≥27	≥18	≥15	<15
		建筑面积	m²	≥9000	≥6000	≥3000	<3000
	其他建筑	檐口高度	m	≥39	≥27	≥18	<18
		层数	层	≥13	≥9	≥6	<6
		建筑面积	m²	≥10000	≥7000	≥3000	<3000
	烟囱	高度(钢筋混凝土)	m	≥100	≥50	<50	
		高度(砖)	m	≥50	≥30	<30	
	水塔	高度	m	≥40	≥30	<30	
		容量	m³	≥80	≥60	<60	
	贮水(油)池	容量	m³	≥1200	≥800	<800	
	贮仓	高度	m	≥30	≥20	<20	
桩基	按工程类别划分说明的第11条执行						
炉窑砌筑工程				专业炉窑	其他炉窑		

注:①工程类别划分标准为2004年江西省建筑工程类别划分标准。

②工程类别划分标准具有地方特点,如"工业建筑"有些省份还按"吊车吨位"考虑。计取标准数据也有差异。

2.装饰工程类别划分标准

(1)公共建筑的装饰工程按相应建筑工程类别标准执行。其他装饰工程按建筑工程相应类别降低一类执行,但不低于四类。

(2)局部装饰工程(装饰建筑面积小于总建筑面积50%)按第(1)条规定,降低一类执行,但不低于四类。

（3）仅进行金属门窗、塑料门窗、幕墙、外墙饰面等局部装饰工程按三类标准执行。

（4）除一类工程外，有特殊声、光、超净、恒温要求的装饰工程，按原标准提高一类执行。

3.建筑工程类别划分说明

（1）工程类别划分是根据不同的单位工程及其繁简、施工难易程度，按本省建筑市场历年来实际施工项目并结合企业资质等级标准确定。

（2）一个单位工程中由几种不同的工程类别组成时，其工程类别按从高到低合计占总建筑面积为50％时的工程类别确定。

（3）凡有钢筋混凝土地下室的单位工程（不含半地下室）且地下室建筑面积占底层建筑面积的60％以上的，其工程类别按其单位工程类别（除一类工程外）提高一级。

（4）建筑物高度是指设计室外地坪至檐口滴水高度（不包括女儿墙、高出屋面电梯间、楼梯间、水箱间、塔间、塔楼、屋面天窗等的高度），构筑物高度是指设计室外地坪至构筑物顶面高度，跨度是指轴线之间的宽度。大于标准层面积50％的顶层计算高度和层数。

（5）工业建筑工程：指从事物质生产和直接为生产服务的建筑工程，主要包括生产（加工）车间、实验车间、仓库、科研单位独立实验室、化验室、民用锅炉房和其他生产用建筑工程。

（6）公共建筑工程：指为满足人们物质文化生活需要和进行社会活动而建设的非生产性建筑物，如办公楼、教学楼、图书馆、医院、宾馆、商场、车站、影剧院、礼堂、体育馆、纪念馆等以及相关类似的工程。除此以外为其他民用建筑工程。

（7）构筑物工程：指与工业与民用建筑工程相配套且独立于工业与民用建筑工程的工程，主要包括烟囱、水塔、仓类、池类等。

（8）桩基础工程：指天然地基上的浅基础不能满足建筑物、构筑物的稳定要求而采用的一种深基础，主要包括各种现浇桩和预制桩。其单项取费只适用于单独承担桩基础施工的工程。

（9）大型土石方工程和单独土石方工程：指单独编制概预算或一个单位工程内挖方或填方（不能挖、填相加）在4000m³以上的土石方工程。

（10）框、排架结构不低于三类工程取费。锯齿形屋架厂房，按二类工程取费。锅炉房，单机蒸发量大于等于20t或总蒸发量大于等于50t时执行一类工程取费，小于以上蒸发量时分别以檐高或跨度为准。单独地下停车场、地下商场执行一类工程取费。冷库工程执行一类工程取费。造型相似的普通别墅群执行四类工程取费，造型独特的单个别墅执行三类工程取费。

（11）混凝土、木构件制作安装工程，金属结构制作安装工程类别划分按附属的建筑工程类别划分标准执行。人工挖孔桩按三类工程取费，其他桩基工程类别划分按相应的建筑工程类别划分标准执行，但不低于三类工程取费。

（12）建筑物配套的零星项目，如化粪池、检查井、地沟等按相应的主体建筑工程类别等级标准确定。围墙按建筑工程四类取费标准计取费用。

（13）同一工程类别中有几个指标时，以符合其中一个指标为准。

（14）工程类别标准中未包括的特殊工程类别由各地、市工程造价管理部门根据具体情况预先选定，并附工程详细资料报省造价管理站审批后确定。

4.建筑工程项目适用范围

建筑工程项目适用于一般工业与民用建筑新建、扩建、改建工程的永久性和临时性的房屋及构筑物，也适用于炉窑砌筑工程和设备基础、围墙、管道沟等工程以及附属上述单位工程内挖方或填方在4000m³以上的土石方工程。其中：

（1）桩基工程

适用于单独承担各种桩基工程（含制、运、安、打），也适用于分包单位向总包单位的结算。

①混凝土预制构件、木构件制作安装工程

适用于单独承担各种混凝土预制构件和木构件的制作安装工程，也适用于分包单位向总包单位的结算。

②金属结构制作安装工程

适用于单独承担一般建筑工程中的金属构件的柱、梁、吊车梁、屋架、屋架梁、拉撑杆、平台、走台、操作台、楼梯、栏杆、楼板、门窗等的制作安装工程，也适用于分包单位向总包单位的结算。

（2）大型土石方及单独土石方工程

适用于单独编制概（预）算的土石方工程，如运动场、机场、游泳池、人工湖（河）、场地平整等所发生的挖、填土石方或附属在一个单位工程内挖方或填方量（不得挖填相加）在 4000m³ 以上的土石方工程。

（3）装饰工程

适用于一般建筑工程的装饰工程，也适用于单独承担的装饰工程及分包单位向总包单位的结算（包括新建工程的装饰和二次装修）。

4.3 工程预算编制实例

本节为某二层框架结构工程预算的编制实例。

工程设计说明如下：

（1）本工程为框架结构，地上两层，基础为梁板式筏形基础。

（2）本工程为Ⅰ级抗震，抗震设防烈度为 8 度。

（3）混凝土强度等级，基础垫层：C10；±0.000 以上，C25。

（4）结构构造。

混凝土保护层厚度：板 15mm；梁和柱 25mm；基础底板 40mm；其他详见 11G101 系列平法图集。

钢筋接头形式及要求：直径≥25mm 采用机械连接；直径 16～22mm 采用电渣焊连接；直径≤14mm 采用绑扎连接。

①未注明的分布筋为 φ6@200，楼梯 TZ1：截面 370mm×240mm；TZ2：截面 240mm×240mm。配筋同女儿墙构造柱，柱底扎根于基础梁，柱顶接楼梯梁。

②砖墙与框架柱及构造柱连接处应设拉结筋，须每隔 500mm 设计配 2φ6 拉结筋，并伸进墙内 1000mm。

③±0.000 以下采用 M10 水泥砂浆砌筑 MU10 烧结普通砖，±0.000 以上采用 M5 混合砂浆砌筑 MU10 烧结砖。

④钢筋采用 HPB300 级钢（φ，Ⅰ级钢）；HRB335 级钢（φ，Ⅱ级钢）。

⑤纵向受拉钢筋最小锚固长度及搭接长度详见 11G101 系列平法图集，其接头位置及数量详见 11G101 系列平法图集。

⑥柱箍筋一般为复合箍，由大箍和中间小箍或拉结筋组成，除拉结筋外均采用封闭形式并

做成 135°弯钩;边柱、角柱顶部与框架梁的连接构造应符合 11G101 图集中 WKL 的构造要求,填充墙构造柱生根于框架梁或次梁上。

(5)门窗过梁见表 4-18。

表 4-18　门窗过梁

名称	宽度(mm)	高度(mm)	离地高度(m)	材质	数量	现浇混凝土过梁		
						高度(mm)	宽度(mm)	长度(mm)
M-1	2400	2700		镶板门	1	240		
M-2	900	2400		胶合板门	4	120		
M-3	900	2100		胶合板门	2	120		
C-1	1500	1800	900	塑钢窗	8	180	同墙厚	洞口宽度 +500
C-2	1800	1800	900	塑钢窗	2	180		
MC-1	2400 窗宽1500 门宽900	2700 窗高1800 门高2700	900	塑钢门连窗	1	240		

(6)装修做法见表 4-19。

表 4-19　装修做法

层数	房间名称		地面	踢脚 120mm	墙面	顶棚
一层	接待室		地1	踢1		
	培训室					
	楼梯间		地2	踢2		
二层	会客室		楼1	踢1		
	培训室					
	楼梯间		楼2	踢2		
	阳台	内装修	楼2	踢2	阳台栏板:外墙2	阳台板底:棚1
		外装修			阳台栏板:外墙2	
屋面	挑檐	内装修			见图纸剖面	挑檐板底:棚1
		外装修			挑檐栏板:外墙2	
	不上人屋面				见图纸剖面	
外墙装修	外墙2					
台阶	面层:1:2.5 水泥砂浆;台阶层:100 厚 C15 混凝土;垫层:素土					
散水	面层:散水面层一次抹光;垫层:80 厚 C10 混凝土;伸缩缝:沥青砂浆嵌缝					

(7)工程做法见表 4-20。

表 4-20 工程做法

部位	工程做法
棚 1	(1)刷(喷)水性耐擦洗涂料 (2)满刮抗裂腻子两遍找平 (3)刷素水泥砂浆一道 (4)现浇混凝土板
外墙 2	(1)刷(喷)外墙涂料 (2)满刮耐水腻子两遍找平 (3)6mm 1：2.5 水泥砂浆罩面 (4)12mm 1：3 水泥砂浆打底扫毛 (5)砖墙面清扫集灰适量洒水
内墙 1	(1)刷(喷)内墙涂料 (2)2mm 厚麻刀灰抹面 (3)6mm 厚 1：3 石膏砂浆 (4)10mm 厚 1：3：9 水泥石膏砂浆打底
踢 1	(1)10mm 大理石板,稀水泥浆擦缝 (2)12mm 厚 1：2 水泥砂浆黏结层 (3)5mm 厚 1：3 水泥砂浆打底
踢 2	(1)6mm 厚 1：2.5 水泥砂浆,压实抹光 (2)6mm 厚 1：3 水泥砂浆打底
地 1	(1)10mm 厚铺地砖,稀水泥浆擦缝 (2)20mm 厚 1：4 干硬水泥砂浆结合层 (3)50mm 厚 C15 混凝土 (4)150mm 厚 3：7 灰土 (5)素土夯实
地 2	(1)20mm 厚 1：2.5 水泥砂浆地面 (2)50mm 厚 C15 混凝土 (3)150mm 厚 3：7 灰土 (4)素土夯实
楼 1	(1)10mm 厚铺地砖,稀水泥浆擦缝 (2)20mm 厚 1：4 干硬水泥砂浆结合层 (3)35mm 厚 C15 细石混凝土找平层 (4)钢筋混凝土楼板
楼 2	(1)20mm 厚 1：2.5 水泥砂浆压实抹光 (2)素水泥砂浆一道 (3)钢筋混凝土楼板

本工程建筑施工图和结构施工图见图4-2~图4-16。

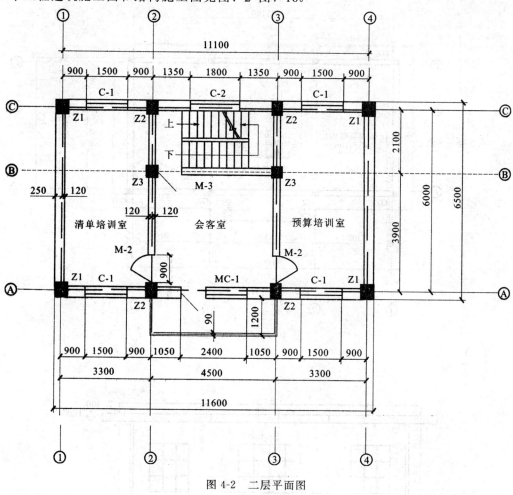

图 4-2 二层平面图

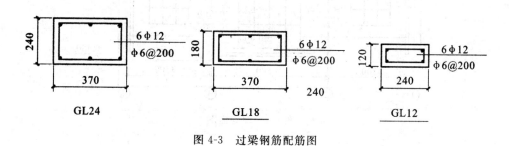

图 4-3 过梁钢筋配筋图

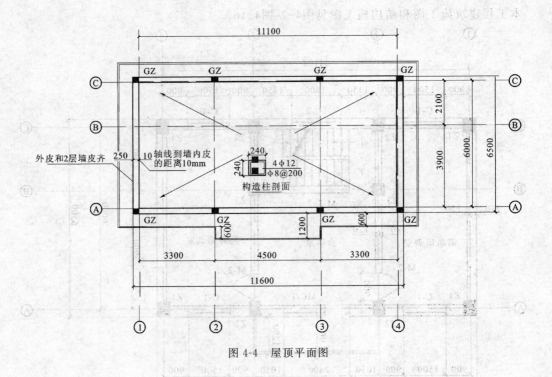

图 4-4　屋顶平面图

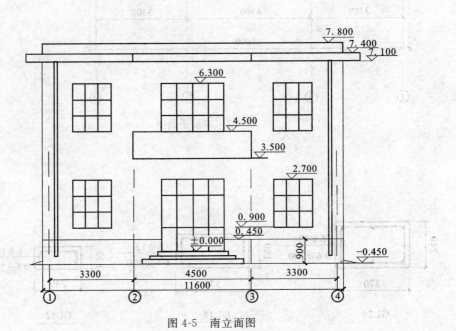

图 4-5　南立面图

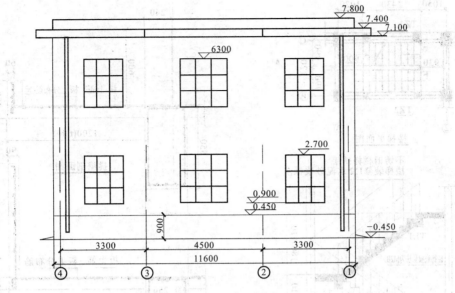

图 4-6 北立面图

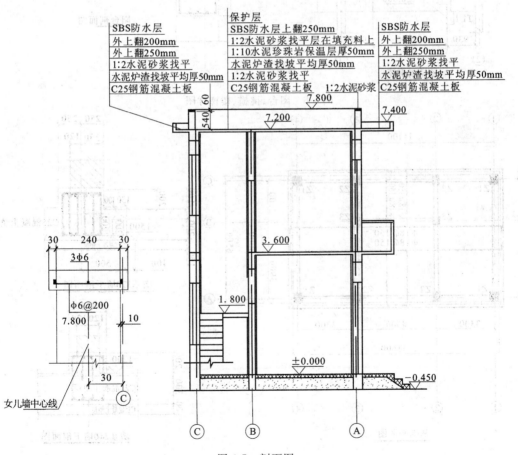

图 4-7 剖面图

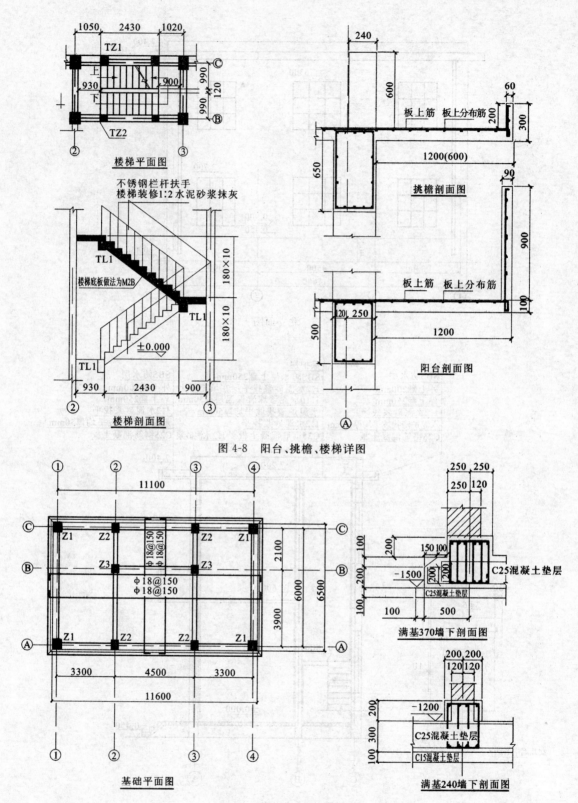

图 4-8 阳台、挑檐、楼梯详图

图 4-9 基础平面图、剖面图

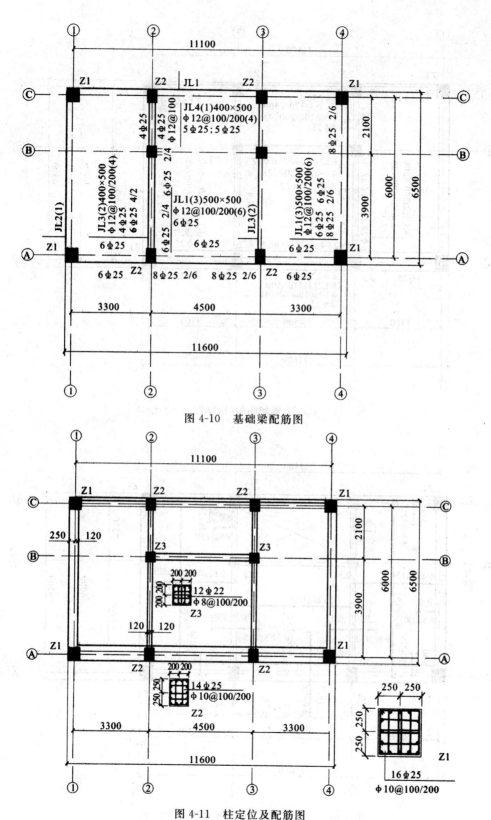

图 4-10 基础梁配筋图

图 4-11 柱定位及配筋图

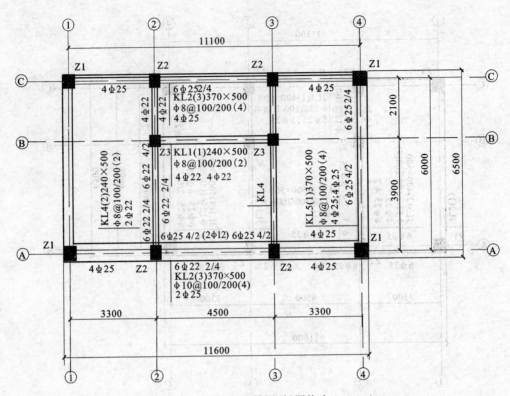

图 4-12　+3.57 梁配筋图（板厚均为 100mm）

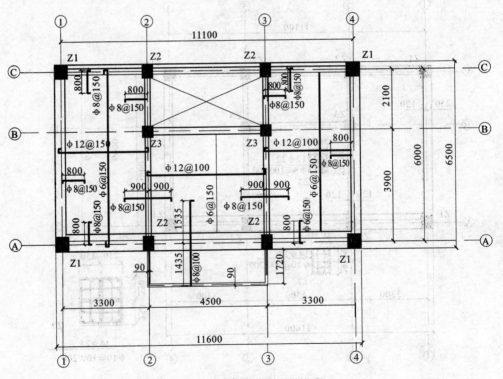

图 4-13　+3.57 板配筋图（板厚均为 100mm）

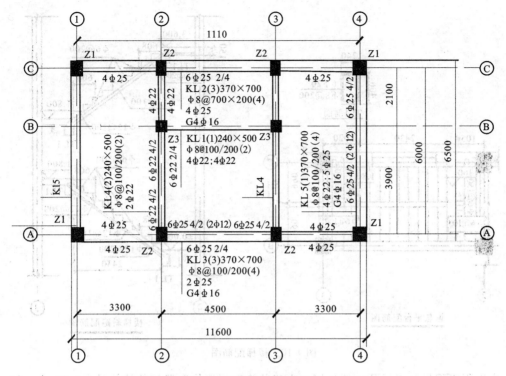

图 4-14　+7.17 梁配筋图(板厚均为 100mm)

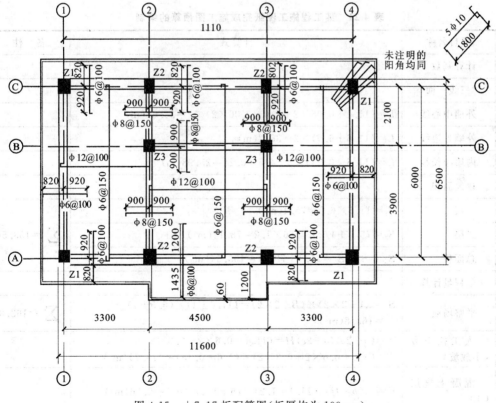

图 4-15　+7.17 板配筋图(板厚均为 100mm)

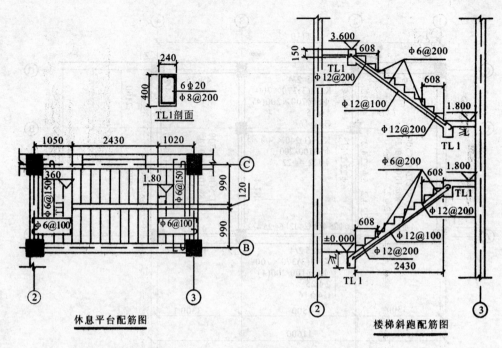

图 4-16 楼梯配筋图

本工程工程量、工程预（结）算，土建装饰工程造价取费等的计算见表4-21~表4-26。

表 4-21 某工程施工图纸完成施工图预算的编制

序号	项目名称	计算式	备 注
一	计算基数		
1	"三线一面"		
	外墙中心线	$L=(11.1+0.06\times2+6.0+0.06\times2)\times2=34.68(\text{m})$	
	外墙外边线	$L=(11.6+6.5)\times2=36.2(\text{m})$	
	内墙净长线	$L=(11.6-0.24)\times2+4.5-0.24=25.98(\text{m})$	
2	建筑面积		
	一层	$S_1=11.6\times6.5=75.4(\text{m}^2)$	
	二层	$S_2=75.4+1/2\times4.56\times1.2=78.14(\text{m}^2)$	$\sum=153.54$
	总面积	$S_{总}=S_1+S_2=75.4+78.14=153.54(\text{m}^2)$	
二	工程量计算		
1	平整场地	$S=(A+2\times2)\times(B+2\times2)=(11.6+4)\times(6.5+4)$ $=163.8(\text{m}^2)$	$\sum=163.8$
2	人工挖土方（不放坡）	$V=(a+2c)(b+2c)H=(11.1+0.6\times2+0.3\times2)\times$ $(6.0+0.6\times2+0.3\times2)\times(1.6-0.45)=115.71(\text{m}^3)$	
3	混凝土垫层 C10	$V=a\times b\times H=(11.1+1.2)\times(6+1.2)\times0.1=8.86(\text{m}^3)$	

序号	项目名称	计算式	备　注
4	满堂基础 C30	$V_{板}=ABh_1+1/6[(A+a)\times(B+b)+ab]$ $V_1=(11.1+0.5\times2)\times(6.0+0.5\times2)\times0.2=16.94(m^3)$ $V_2=1/6\times0.1\times[12.1\times7+(12.1+11.8)$ $(7+6.7)+11.8\times6.7)]=8.19(m^3)$ A、C轴 JL_1(2根)$0.5\times0.2\times(11.1-0.5-0.4\times2)\times2=1.96(m^3)$ B轴 JL_4(1根)　$0.4\times0.2\times(4.5-0.2\times2)=0.33(m^3)$ 1、4轴 JL_2(2根)$0.5\times0.2\times(6.5-0.5\times2)\times2=1.1(m^3)$ 2、3轴 JL_3(2根)$0.4\times0.2\times(6.5-0.5\times2-0.4)\times2=0.82(m^3)$	$\sum=29.34$
5	柱	±0.000 以下C30 Z_1(4个)　$V_1=0.5\times0.5\times0.75\times4=0.75(m^3)$ 　　　　　　$V_2=0.5\times0.5\times0.45\times4=0.45(m^3)$ Z_2(4个)　$V_1=0.5\times0.4\times0.75\times4=0.6(m^3)$ 　　　　　　$V_2=0.5\times0.4\times0.45\times4=0.36(m^3)$ Z_3(2个)　$V_1=0.4\times0.4\times0.75\times2=0.24(m^3)$ 　　　　　　$V_2=0.4\times0.4\times0.45\times2=0.14(m^3)$	$\sum=2.54$
		±0.000 以上C25 Z_1(4个)　$V=0.5\times0.5\times7.2\times4=7.2(m^3)$ Z_2(4个)　$V=0.5\times0.4\times7.2\times4=5.76(m^3)$ Z_3(2个)　$V=0.4\times0.4\times7.2\times2=2.30(m^3)$	$\sum=15.26$
6	M10 水泥砂浆砌砖基础	$V_{370}=0.365\times0.55\times(9.8\times2+5.5\times2)=6.14(m^3)$ 　　　　$0.365\times0.45\times30.6=5.03(m^3)$ $V_{240}=0.24\times0.55\times(4.1+5.1\times2)=1.89(m^3)$ 　　　　$0.24\times0.45\times14.3=1.54(m^3)$	$\sum=14.6$
7	土方回填	(1)基础回填土 $V=V_{挖}-V_{室外地坪以下构件}$ $V=115.71-[8.86+29.34+(0.75+0.6+0.24)+$ 　　$(6.14+1.89)]=67.89(m^3)$ (2)房心回填土 $V=$室内净面积×回填土厚度 回填土厚度＝室内外高差－地面垫层、面层厚 一层接待、培训室 $S_{净}=(3.3-0.24)\times(6.0-0.24)\times2+(4.5-0.24)\times$ 　　$(3.9-0.24)=50.84(m^2)$ $V_{填}=50.84\times[0.45-(0.15+0.05+0.02+0.01)]$ 　　$=11.12(m^3)$ 一层楼梯间 $S_{净}=(4.5-0.24)\times(2.1-0.24)=7.92(m^2)$ $V_{填}=7.92\times[0.45-(0.15+0.05+0.02)]=1.82(m^3)$ 小计 $V=11.12+1.82=12.94(m^3)$	$\sum=80.83$

序号	项目名称	计算式	备注
8	土方运输（运距50m）	$V=V_\text{挖}-V_\text{填}=115.71-80.83=34.88(\text{m}^3)$	
9	构造柱 C25	$V_\text{总}=0.54\times(0.24\times0.24+0.03\times0.24\times2\text{边})\times8=0.32(\text{m}^3)$	
10	单梁 KL$_2$ C25	$V=(4.5-0.5)\times0.37\times0.5=0.76(\text{m}^3)$	
11	GL C25	M-1(1个) $V=0.24\times0.37\times(2.4+0.5)=0.26(\text{m}^3)$（外） M-2(4个) $V=0.12\times0.24\times(0.9+0.5)\times4=0.16(\text{m}^3)$（内） M-3(2个) $V=0.12\times0.24\times(0.9+0.5)\times2=0.08(\text{m}^3)$（内） C-1(8个) $V=0.18\times0.37\times(1.5+0.5)\times8=1.04(\text{m}^3)$（外） C-2(2个) $V=0.18\times0.37\times(1.8+0.5)\times2=0.3(\text{m}^3)$（外） MC-3(1个) $V=0.24\times0.37\times(1.5+0.9+0.5)\times2=0.26(\text{m}^3)$（外）	$\sum=2.1$
12	板（有梁板）C25	+3.57(mm) $V_\text{板}=[11.6\times6.5-(2.1-0.12+0.25)\times(4.5-0.24)]\times0.1$ 　$=6.6(\text{m}^3)$ $V_{\text{梁}1}=0.37\times(0.5-0.1)\times(30.6-4.1)=3.86(\text{m}^3)$ $V_{\text{梁}2}=0.24\times(0.5-0.1)\times14.3=1.37(\text{m}^3)$ +7.17(mm) $V_\text{板}=11.6\times6.5\times0.1=7.54(\text{m}^3)$ $V_{\text{梁}1}=0.37\times(0.7-0.1)\times30.6=6.79(\text{m}^3)$ $V_{\text{梁}2}=0.24\times(0.5-0.1)\times14.3=1.37(\text{m}^3)$	$\sum=27.53$
13	整体楼梯 C25	$S=$水平投影面积$=(2.1-0.24)\times(2.43+1.02-0.12+0.24)$ 　$=6.64(\text{m}^2)$	
14	阳台 C25	$S=$水平投影面积$=4.56\times1.2=5.47(\text{m}^2)$	
15	栏板 C25	$V=$高×厚×长$=0.9\times0.06\times6.84=0.37(\text{m}^3)$	
16	压顶 C25	$V=$压顶宽×厚×长 $L=(11.1+0.26)\times2+(6+0.26)\times2=35.26(\text{m})$ $V=0.3\times0.06\times35.26=0.64(\text{m}^3)$	
17	挑檐 C25	水平　$V_1=(L_\text{外}+4\times$挑檐宽$)\times$挑檐宽×挑檐厚 $V_1=(36.2+4\times0.6)\times0.6\times0.1=2.32(\text{m}^3)$ 阳台处　$V_2=0.6\times4.56\times0.1=0.27(\text{m}^3)$ 竖直　$V_3=$断面积×挑檐中心线长 $L_\text{挑檐中心线长}=[(11.6+0.6\times2-0.03\times2)+(6.5+0.6\times2-$ 　　　　$0.03\times2)]\times2+0.6\times2=41.96(\text{m})$ $V_3=0.06\times0.2\times41.96=0.5(\text{m}^3)$	$\sum=3.09$
18	室外台阶 C25	$S=0.6\times(1.3\times2+3.3)=3.54(\text{m}^2)$	
	模板工程		
19	垫层模板	$S=L\times h=[(11.6+0.6\times2)+(6.5+0.6\times2)]\times2\times0.1$ 　$=3.9(\text{m}^2)$	

序号	项目名称	计算式	备注
20	有梁式满堂基础模板	$S=S_板+S_梁$ $L_板=[(11.6+0.5\times2)+(6.5+0.5\times2)]\times2=38.2(m)$ $S=L\times h=38.2\times0.2=7.64(m^2)$ A、C轴 JL_1(2根) $S_1=[(11.6-0.5\times2-0.4\times2)\times2\times0.2]\times2=7.84(m^2)$ 1、4轴 JL_2(2根) $S_2=[(6.5-0.5\times2)\times2\times0.2]\times2=4.4(m^2)$ 2、3轴 JL_3(2根) $S_3=[(6.5-0.4-0.5\times2)\times2\times0.2]\times2=4.08(m^2)$ B轴 JL_4(1根) $S_4=(4.5-0.4)\times2\times0.2=1.64(m^2)$	$\sum=25.6$
21	框架柱模板	Z_1(4个) $S_1=0.5\times4\times(7.2+1.2)\times4=67.2(m^2)$ Z_2(4个) $S_2=(0.5+0.4)\times2\times(7.2+1.2)\times4=60.48(m^2)$ Z_3(2个) $S_3=0.4\times4\times(7.2+1.2)\times2=26.88(m^2)$ $S=S_1+S_2+S_3=67.2+60.48+26.88=154.56(m^2)$ 扣除柱与梁相交处 JL_1+JL_2 $S_4=0.5\times0.2\times(6\times2+2\times2)=1.6m^2$ JL_3+JL_4 $S_5=0.4\times0.2\times(4\times2+2)\times4=0.8m^2$ $+3.57m$ KL_2+KL_5 $S_6=0.37\times0.5\times(6\times2+2\times2)=2.96m^2$ $+3.57m$ KL_4+KL_1 $S_7=0.24\times0.5\times(4\times2+2)=1.2(m^2)$ $+7.17m$ KL_2+KL_5 $S_8=0.37\times0.7\times(6\times2+2\times2)=4.14(m^2)$ $+7.17m$ KL_4+KL_1 $S_9=0.524\times0.5\times(4\times2+2)=1.2(m^2)$ 小计 $S_{柱与梁相交处}=1.6+0.8+2.96+1.2+4.14+1.2=11.9(m^2)$ $S_{KL}=S-S_{柱与梁相交处}=156.56-11.9=142.66(m^2)$	$\sum=142.66$
22	构造柱模板 GZ(8个)	$S=(0.24+0.06\times2)\times2\times0.54\times8=3.11(m^2)$	
23	GL模板	M-1(1个)$S=2\times0.24\times(2.4+0.5)+2.4\times0.37=2.28(m^2)$ M-2(4个)$S=[2\times0.12\times(0.9+0.5)+0.9\times0.24]\times4$ $=2.21(m^2)$ M-3(2个)$S=[2\times0.12\times(0.9+0.5)+0.9\times0.24]\times2$ $=1.1(m^2)$ C-1(8个)$S=[2\times0.18\times(1.5+0.5)+1.5\times0.37]\times8$ $=10.2(m^2)$ C-2(2个)$S=[2\times0.18\times(1.8+0.5)+1.8\times0.37]\times2$ $=2.99(m^2)$ MC-3(1个)$S=2\times0.24\times(2.4+0.5)+2.4\times0.37=2.28(m^2)$	$\sum=21.06$

序号	项目名称	计算式	备注
24	单连续梁模板	$S=(4.5-0.4)\times(0.37+2\times0.5)=5.62(\text{m}^2)$	
25	有梁板模板	$S=S_{板}+S_{梁}$ $+3.57(\text{m})$ $S_{板}=S_{底}+S_{四侧}$ $=[11.6\times6.5-(2.1-0.12+0.25)\times(4.5-0.24)]$ $+(11.6+6.5)\times2\times0.1+2\times(2.1-0.12\times2)\times0.1$ $=69.89(\text{m}^2)$ $S_{梁}=2\times(梁高-板厚)\times梁长$ $=2\times(0.5-0.1)\times(30.6-4.1+14.3)=32.64(\text{m}^2)$ $S=S_{板}+S_{梁}=69.89+32.64=102.53(\text{m}^2)$ $+7.17\text{m}$ $S_{板}=11.6\times6.5+(11.6+6.5)\times2\times0.1=79.02(\text{m}^2)$ $S_{梁}=2\times(梁高-板厚)\times梁长$ $=2\times(0.7-0.1)\times30.6+2\times(0.5-0.1)\times14.3$ $=48.16(\text{m}^2)$ $S=S_{板}+S_{梁}=79.02+48.16=127.18(\text{m}^2)$	$\sum=229.71$
26	整体楼梯模板	同(13)整体楼梯混凝土 $6.64(\text{m}^2)$	
27	阳台模板	同(14)阳台混凝土 $5.47(\text{m}^2)$	
28	栏板模板	$(1.2\times2+4.56)\times0.9\times2=12.53(\text{m}^2)$	
29	压顶模板	$[(11.1+0.26)\times2+(6+0.26)\times2)]\times(0.06+0.03)\times2=6.35(\text{m}^2)$	
30	挑檐模板	$S=(36.2+4\times0.6)\times0.6+(32.6+0.6\times8)\times(0.3+0.2)$ $=41.86(\text{m}^2)$	
31	室外台阶模板	同(18)台阶混凝土 $3.54(\text{m}^2)$	
32	M5 混合砂浆砌砖墙	一砖半外墙 $V=0.365\times[30.6\times(7.2-0.1)-39.69]=64.81(\text{m}^3)$ 应扣除 梁 $V=0.365\times[30.6\times0.5+30.6\times(0.7-0.1)]=12.29(\text{m}^3)$ $GLV=0.36+1.04+0.3+0.26=1.86(\text{m}^3)$ $GZV=0.32(\text{m}^3)$	$\sum=50.34$
		一砖内墙 $V_{砌}=0.24\times[14.3\times(3.6-0.5)-6.21]\times2=18.30(\text{m}^3)$ 应扣除 $GLV=0.16+0.08=0.24(\text{m}^3)$	$\sum=18.06$
33	墙体拉结筋 $\phi6.5$	Z_1(转角)(4 个) $(1+0.5+12.5\times0.0065)\times2\times2\times[(3.6-0.1)/0.5+1]\times4$ $=202.4(\text{m})$	
		Z_2(T 形)(4 个) $2\times[(2.4+12.5\times0.0065)+(1.5+12.5\times0.0065)]\times[(3.6-0.1)/0.5+1]\times4=260.0(\text{m})$	

序号	项目名称	计算式	备 注
33	墙体拉结筋 φ6.5	Z_3(T 形)(2 个) $2\times[(2.4+12.5\times0.0065)+(1.4+12.5\times0.0065)]\times[(3.6-0.1)/0.5+1]\times2=126.8$(m) GZ(8 个) 转角$(1.24+6.25\times0.006\times2)\times2\times(0.54/0.5+1)\times2\times4$ $=39.68$(m) 一字形$(2.24+6.25\times0.006\times2)\times2\times(0.54/0.5+1)\times4$ $=35.84$(m) $(202.4+260.0+126.8+39.68+35.84)\times0.261$(kg/m) $=173.49$(kg)	$\sum=173.49$
34	脚手架	外脚手架 $S_{外墙}=$竖直投影面积$=L\times H=36.2\times(7.2+0.6+0.45)$ $=298.65$(m²) 里脚手架 $S_{内墙}=14.3\times(3.6-0.1)\times2=100.1$(m²) 基础满堂脚手架 $12.1\times7.0=84.7$(m²) 装饰里脚手架 $S=25.98\times(3.6-0.1)\times2=181.86$(m²)	
35	混凝土散水	$S=0.55\times[(11.6+6.5)\times2+4\times0.55]-$ $0.6\times(2.7+0.6\times2)=19.57$(m²)	
36	1:2 水泥砂浆找平层(硬基层上)	$S_{净}=(11.1+0.01\times2)\times(6.0+0.01\times2)=66.94$(m²) 挑檐处 $(0.6-0.06)\times(36.2+4\times0.54)+0.6\times(4.5-0.06)$ $=23.38$(m²)	$\sum=90.32$
37	水泥炉渣找坡层	$V=90.32\times0.05=4.52$(m³)	
38	1:10 水泥珍珠岩保温层	$V=66.94\times0.1=6.69$(m³)	
39	1:2 水泥砂浆找平层(填充材料上)	66.94(m²)	
40	SBS 卷材防水	$S=66.94+0.25\times[(11.1+0.01\times2)+(6+0.01\times2)]\times2$ $=75.51$(m²) 挑檐:$S=23.38+0.25\times36.2+0.2\times[(11.6+0.54\times2)$ $+(6.5+0.54\times2)\times2+0.6\times2]=40.77$(m²)	$\sum=116.28$
41	φ110 水落管	$L=(7.2+0.45)\times4=30.6$(m)	
42	水斗	4 个	
43	150mm 厚3:7 灰土垫层	$V=(50.84+7.92)\times0.15=8.81$(m³)	
44	50mm 厚 C15 混凝土垫层	$V=(50.84+7.92)\times0.05=2.94$(m³)	

序号	项目名称	计算式	备注
45	地砖楼地面	$S=[50.84+0.365\times2.4+0.24\times(0.9\times4+0.9\times2)]\times2$ $=106.02(\text{m}^2)$ 阳台 $(1.2-0.06)\times(4.5-0.06)=5.06(\text{m}^2)$	$\sum=111.08$
46	水泥砂浆楼梯	同楼梯混凝土 $6.64(\text{m}^2)$	
47	楼梯不锈钢栏杆	$\sqrt{(2.43+0.24)^2+1.8^2}\times2+0.12+0.99-0.12=7.43(\text{m})$	
48	20mm 厚 1:2.5 水泥砂浆地面	楼梯间 $(4.5-0.24)\times(2.1-0.24)=7.92(\text{m}^2)$ 室外台阶处 $7.92-6.64=1.28(\text{m}^2)$	$\sum=9.2$
49	35mm 厚 C15 细石混凝土找平层	$50.84(\text{m}^2)$	
50	水泥砂浆踢脚线	$L=(4.5-0.24+2.1-0.24)\times2\times2=24.48(\text{m})$	
51	地砖踢脚线	培训室 $0.15\times[(3.3-0.24+6-0.24+0.08\times2)\times2-0.9\times2)]\times2$ $=4.85(\text{m}^2)$ 接待厅 $0.15\times\{[(4.5-0.24+3.9-0.24)\times2-0.9\times3]\times2$ $-2.4-0.9\}$ $=3.45(\text{m}^2)$ 增加门侧壁 $0.15\times0.24\times8\times2=0.58(\text{m}^2)$	$\sum=8.88$
52	水泥砂浆室外台阶	同台阶混凝土 $3.54(\text{m}^2)$	
53	水泥砂浆地面	$(2.7+0.6\times2)\times1.6-3.54=2.7(\text{m}^2)$	
54	混合砂浆粉内墙面	$L_净=25.98\times2+36.2-0.365\times8=85.24(\text{m})$ $S=85.24\times(3.6-0.1)\times2-(12.42\times2+39.69)=532.15(\text{m}^2)$ 女儿墙内侧 $(11.1+0.01\times2+6.0+0.01\times2)\times2\times0.54=18.51(\text{m}^2)$	$\sum=550.66$
55	内墙涂料	$S=532.15(\text{m}^2)$ 增加门窗侧壁 M-1 $0.365\times(2.4+2.7\times2)=2.85(\text{m}^2)$ M-2 $0.24\times(0.9+2.4\times2)\times4=5.48(\text{m}^2)$ M-3 $0.24\times(0.9+2.1\times2)\times2=2.44(\text{m}^2)$ C-1 $1/2\times0.365\times(1.5+1.8)\times2\times8=9.64(\text{m}^2)$ C-2 $1/2\times0.365\times(1.8+1.8)\times2\times2=2.63(\text{m}^2)$ MC-1 $1/2\times0.365\times(1.5+1.8)\times2+0.365\times(0.9+2.7\times2)$ $=3.5(\text{m}^2)$	$\sum=558.69$
56	外墙水泥砂浆抹灰	$S=L_外\times$ 抹灰高度一外墙门窗 $=36.2\times(7.8-0.06+0.45)-39.69=256.79(\text{m}^2)$ 女儿墙内侧 $(11.1+0.01\times2+6.0+0.01\times2)\times2\times0.54=18.51(\text{m}^2)$	

序号	项目名称	计 算 式	备 注
57	外墙涂料	$S_1 = 256.79(\text{m}^2)$ 增加门窗侧壁 M-1　$0.365 \times (2.4 + 2.7 \times 2) = 2.85(\text{m}^2)$ C-1　$1/2 \times 0.365 \times (1.5 + 1.8) \times 2 \times 8 = 9.64(\text{m}^2)$ C-2　$1/2 \times 0.365 \times (1.8 + 1.8) \times 2 \times 2 = 2.63(\text{m}^2)$ MC-1 $1/2 \times 0.365 \times (1.5 + 1.8) \times 2 = 1.2(\text{m}^2)$	$\sum = 273.11$
58	零星抹灰	压顶　$S = (12.1 - 0.24 + 6.5 - 0.24) \times 2 = 36.24(\text{m})$ 挑檐 $S = (0.3 + 0.06) \times [(11.6 + 0.6 \times 2 + 6.5 + 0.6 \times 2) \times 2 + 0.6 \times 2] = 15.19(\text{m}^2)$	
59	阳台底抹混合砂浆	$5.47(\text{m}^2)$	
60	混合砂浆抹天棚	$S = 75.4 - (34.68 \times 0.365 + 25.98 \times 0.24) = 56.51(\text{m}^2)$ 楼梯底　$6.64(\text{m}^2)$	$\sum = 63.15$
61	天棚刷涂料	$56.51 + 6.64 \times 1.3 = 65.14(\text{m}^2)$ 阳台底　$5.47(\text{m}^2)$ 挑檐底　$(36.2 + 0.6 \times 4) \times 0.6 = 23.16(\text{m}^2)$	$\sum = 93.77$
62	木门调和漆二遍	$S = 6.48 + 8.64 + 3.78 = 18.9(\text{m}^2)$	
63	垂直运输	$153.54(\text{m}^2)$	

表 4-22　门窗洞口面积计算表

门窗编号		洞口尺寸 宽×高(mm)	数量	材　质	单樘面积 (m²)	总面积 (m²)	所在部位			
							外墙(370)		内墙(240)	
							一层	二层	一层	二层
M-1		2400×2700	1	镶板门	6.48	6.48	6.48/1			
M-2		900×2400	4	胶合板门	2.16	8.64			4.32/2	4.32/2
M-3		900×2100	2	胶合板门	1.89	3.78			1.89/1	1.89/1
C-1		1500×1800	8	塑钢窗	2.7	21.6	10.8/4	10.8/4		
C-2		1800×1800	2	塑钢窗	3.24	6.48	3.24/1	3.24/1		
MC-1	门	900×2700	1	塑钢门连窗	2.43	2.43	2.43/1			
	窗	1500×1800			2.7	2.7	2.7/1			
小计							25.65	14.04	6.21	6.21
总计							39.69		12.42	

表 4-23 工程预(结)算表

工程名称:某培训楼工程实例 　　　　　　　　　　　　　　　　　　　建筑面积:153.54m²

序号	定额编号	项目名称	单位	数量	单价(元)		总价(元)	
					单价	工资	总价	工资
		工程实例					498.15	
1	估价	成品塑钢平开门安装	m²	2.43	205		498.15	
第一章　土(石)方工程							2491.37	2337.85
2	A1-1	人工平整场地	100m²	1.638	238.53	238.53	390.71	390.71
3	A1-5	人工挖土方三类土　深度2m内	100m³	1.157	1025.07	1025.1	1186.01	1186.01
4	A1-181	基础回填土方　夯填	100m³	0.808	832.96	642.96	673.03	519.51
5	A1-191 换	人工运土方　运距 20m～运距 50m	100m³	0.349	692.31	692.31	241.62	241.62
第二章　砌筑工程							15805.84	3220.54
6	A3-1 换	砖基础水泥砂浆 M10	10m³	1.46	1729.71	301.74	2525.38	440.54
7	A3-10 换	混水砖墙　1 砖水泥混合砂浆 M5	10m³	1.83	1847.6	398.56	3381.11	729.36
8	A3-11 换	混合砂浆砖墙　1 砖半水泥混合砂浆 M5	10m³	5.034	1838.59	387.28	9255.46	1949.57
9	A3-41	砌体　钢筋加固	t	0.173	3721.92	584.21	643.89	101.07
第三章　混凝土及钢筋混凝土工程							65420.46	7025.33
10	A4-1	灰土垫层	10m³	0.881	1041.53	325.71	917.59	286.95
11	A4-13	混凝土　垫层	10m³	0.886	1754.06	309.26	1554.1	274
12	A4-13 换	50 厚混凝土　垫层 现浇混凝土 C15 卵石 40mm|32.5	10m³	0.294	1880.41	309.26	552.84	90.92
13	A4-20 换	现浇满堂基础　有梁式　现浇混凝土 C30 卵石 40mm|32.5	10m³	2.934	2275.47	280.59	6676.23	823.25
14	A4-29 换	现浇矩形柱　现浇混凝土 C25 卵石 40mm|32.5	10m³	1.526	2373.52	546.38	3621.99	833.78
15	A4-29 换	现浇＋0.000 以下矩形柱　现浇混凝土 C30 卵石 40mm|32.5	10m³	0.254	2501.4	546.38	635.36	138.78
16	A4-31 换	现浇构造柱　现浇混凝土 C25 卵石 40mm|32.5	10m³	0.032	2473.72	646.96	79.16	20.7
17	A4-33 换	现浇单梁连续梁现浇混凝土 C25 卵石 40mm|32.5	10m³	0.076	2211.96	391.75	168.11	29.77
18	A4-43 换	现浇有梁板　现浇混凝土 C25 卵石 20mm|32.5	10m³	2.753	2272.32	329.94	6255.7	908.32
19	A4-48 换	现浇楼梯 直形 现浇混凝土 C25 卵石 40mm|32.5	10m²	0.664	623.37	145.23	413.92	96.43

序号	定额编号	项目名称	单位	数量	单价（元）		总价（元）	
					单价	工资	总价	工资
20	A4-51 换	现浇阳台 现浇混凝土C25 卵石 20mm|32.5	10m³	0.547	376.08	87.66	205.72	47.95
21	A4-53 换	现浇栏板 现浇混凝土C25 卵石 20mm|32.5	10m³	0.037	2723.82	775.03	100.78	28.68
22	A4-58 换	现浇挑檐天沟 现浇混凝土C25 卵石 20mm|32.5	10m³	0.309	2621.95	628.16	810.18	194.1
23	A4-59 换	现浇台阶（100m² 投影面积）现浇混凝土 C25 卵石 40mm|32.5	100m²	0.035	3832.43	737.43	134.14	25.81
24	A4-60 换	现浇压顶 现浇混凝土C25 卵石 20mm|32.5	10m³	0.064	2676.69	668.58	171.31	42.79
25	A4-63	现浇混凝土散水面一次抹光 垫层 60mm 厚	100m²	0.198	2567.46	760.46	508.36	150.57
26	A4-445	现浇构件 光圆钢筋 φ10 以内	t	4.455	3532.42	374.12	15736.93	1666.7
27	A4-446	现浇构件 光圆钢筋 φ10 以外	t	1.212	3393	201.63	4112.32	244.38
28	A4-447	现浇构件 螺纹钢筋 φ20 以内	t	3.28	3411.89	185.42	11191	608.18
29	A4-448	现浇构件 螺纹钢筋 φ20 以外	t	3.28	3288.91	125.49	10787.62	411.61
30	A4-477	电渣压力焊接 接头	10 个	28.8	27.33	3.53	787.1	101.66
第四章 屋面及防水工程							7820.9	443.85
31	A7-51 换	SBS 卷材 二层水泥砂浆 1：2	100m²	1.163	5977.29	178.6	6951.59	207.71
32	A7-82	屋面排水 PVC 水落管 φ110	10m	3.06	254.46	67.92	778.65	207.84
33	A7-84	屋面排水 PVC 水斗 φ110	10 只	0.4	226.66	70.74	90.66	28.3
第五章 防腐、隔热、保温工程							1961.01	251.65
34	A8-201	屋面保温 现浇水泥珍珠岩	10m³	0.669	2014.31	181.66	1347.57	121.53
35	A8-206	屋面保温 1：8 水泥炉渣	10m³	0.452	1357.17	287.88	613.44	130.12
第六章 钢筋混凝土模板及支撑工程							10563.14	4151.09
36	A10-28	现浇满堂基础 有梁式 九夹板模板（木撑）	100m²	0.256	1915.24	601.13	490.3	153.89
37	A10-32	现浇混凝土基础垫层 木模板（木撑）	100m²	0.039	1483.84	314.43	57.87	12.26
38	A10-53	现浇矩形柱 九夹板模板（钢撑）	100m²	1.427	1940.13	754.35	2768.57	1076.46
39	A10-61	现浇构造柱 木模板（木撑）	100m²	0.031	2653.44	1096.5	82.26	33.99
40	A10-69	现浇单梁 九夹板模板（钢撑）	100m²	0.056	2401.14	953.4	134.46	53.39
41	A10-73	现浇过梁 九夹板模板（木撑）	100m²	0.023	2922.93	1164.9	67.23	26.79
42	A10-80	现浇圈梁压顶 直形 木模板（木撑）	100m²	0.064	1602.59	812.16	102.57	51.98

序号	定额编号	项目名称	单位	数量	单价(元)		总价(元)	
					单价	工资	总价	工资
43	A10-99	现浇有梁板 九夹板模板(钢撑)	100m²	2.297	2137.11	785.84	4908.94	1805.07
44	A10-117	现浇楼梯 直形 木模板(木撑)	10m²	0.664	561.05	260.38	372.54	172.89
45	A10-119	现浇阳台 木模板(木撑)	10m²	0.547	466.86	182.13	255.37	99.63
46	A10-121	现浇室外台阶 木模板(木撑)	100m²	0.035	1243.7	632.15	43.53	22.13
47	A10-122	现浇栏板 木模板(木撑)	100m²	0.125	2020.56	743.07	252.57	92.88
48	A10-126	现浇挑檐天沟 木模板(木撑)	100m²	0.419	2450.9	1312	1026.93	549.73
		第七章 脚手架工程					2301.01	978.58
49	A11-4	钢管脚手架 15m内 单排	100m²	2.987	503.15	169.2	1502.91	505.4
50	A11-13	里脚手架 钢管	100m²	1.001	113.94	85.54	114.05	85.63
51	A11-15	基础满堂脚手架 钢管 基本层	100m²	3.345	204.5	115.86	684.05	387.55
		第八章 垂直运输工程					1220.29	
52	A12-3	垂直运输,20m内卷扬机,教学及办公用房 混合结构	100m²	1.535	794.98		1220.29	
		第九章 楼地面工程					6481.28	1952.59
53	B1-1	水泥砂浆楼梯找平层 厚度20mm	100m²	0.066	665.18	280.73	43.9	18.53
54	B1-2 换	填充材料 水泥砂浆找平层 厚度20mm 水泥砂浆1:2	100m²	0.669	823.78	287.77	551.11	192.52
55	B1-4 换	细石混凝土找平层厚度35mm 现浇混凝土 C15 卵石40mm |32.5	100m²	0.508	940.46	342.71	477.75	174.1
56	B1-6	水泥砂浆 楼地面 厚20mm	100m²	0.027	839.21	369.51	22.66	9.98
57	B1-7	水泥砂浆 楼梯面 厚20mm	100m²	0.092	2049.82	1426.1	188.58	131.2
58	B1-8	水泥砂浆 室外台阶面 厚20mm	100m²	0.035	1706.76	1010.7	59.74	35.37
59	B1-10	水泥砂浆 踢脚板线底12mm 面8mm	100m²	0.245	233.76	179.9	57.27	44.08
60	B1-84	陶瓷地砖(彩釉砖) 楼地面(周长在800mm以内) 水泥砂浆	100m²	1.111	3911.19	1002.7	4345.33	1113.96
61	B1-91	陶瓷地砖(彩釉砖) 踢脚线 水泥砂浆	100m²	0.088	5661.66	2280	498.23	200.64
62	B1-232	不锈钢扶手 直形 φ60	100m	0.074	2770.66	348.4	205.03	25.78
63	B1-253	不锈钢 弯头 φ60	个	1	31.68	6.43	31.68	6.43
		第十章 墙柱面工程					7743.71	5219.52
64	B2-20	抹石灰砂浆 零星抹灰	100m²	0.514	2455.75	2214	1262.26	1138.01

序号	定额编号	项目名称	单 位	数量	单价（元）		总价（元）	
					单价	工资	总价	工资
65	B2-33	内墙墙面 混合砂浆 砖墙	100m²	5.507	784.68	494.13	4321.23	2721.17
66	B2-33	外墙墙面 混合砂浆 砖墙	100m²	2.753	784.68	494.13	2160.22	1360.34
第十一章 天棚工程							384.11	287.22
67	B3-5	混凝土天棚 一次抹灰 混合砂浆	100m²	0.632	559.11	418.08	353.36	264.23
68	B3-5	阳台底面 一次抹灰 混合砂浆	100m²	0.055	559.11	418.08	30.75	22.99
第十二章 门窗工程							7615.1	742.99
69	B4-17	无纱镶板门 单扇带亮 门框制作	100m²	0.065	1937.48	290.45	125.94	18.88
70	B4-18	无纱镶板门 单扇带亮 门框安装	100m²	0.065	1006.83	521.26	65.44	33.88
71	B4-19	无纱镶板门 单扇带亮 门扇制作	100m²	0.065	3716.75	832.81	241.59	54.13
72	B4-20	无纱镶板门 单扇带亮 门扇安装	100m²	0.065	724.12	542.7	47.07	35.28
73	B4-49	无纱胶合板门 单扇带亮 门框制作	100m²	0.086	1937.48	290.45	166.62	24.98
74	B4-50	无纱胶合板门 单扇带亮 门框安装	100m²	0.086	1006.83	521.26	86.59	44.83
75	B4-51	无纱胶合板门 单扇带亮 门扇制作	100m²	0.086	3549.64	804.67	305.27	69.2
76	B4-52	无纱胶合板门 单扇带亮 门扇安装	100m²	0.086	724.12	542.7	62.27	46.67
77	B4-57	无纱胶合板门 单扇无亮 门框制作	100m²	0.038	1985.45	284.75	75.45	10.82
78	B4-58	无纱胶合板门 单扇无亮 门框安装	100m²	0.038	1107.37	608.7	42.08	23.13
79	B4-59	无纱胶合板门 单扇无亮 门扇制作	100m²	0.038	3932.83	937.33	149.45	35.62
80	B4-60	无纱胶合板门 单扇无亮 门扇安装	100m²	0.038	342.71	342.71	13.02	13.02
81	B4-264	推拉窗安装(C-1)	100m²	0.216	19981.5	1079.7	4316	233.22
82	B4-264	推拉窗安装	100m²	0.027	19981.5	1079.7	539.5	29.15
83	B4-264	推拉窗安装(C-2)	100m²	0.065	19981.5	1079.7	1298.8	70.18
84	B4-337	镶板、胶合板、半截玻璃门 不带纱门 单扇有亮	樘	7	11.43		80.01	
第十三章 油漆、涂料、裱糊工程							4784.19	1267.81
85	B5-33	调和漆二遍 单层木门	100m²	0.189	2362.06	1440.5	446.43	272.25
86	B5-277	内墙乳胶漆 抹灰面 二遍	100m²	5.587	421.87	100.5	2356.99	561.49

续表 4-23

序号	定额编号	项目名称	单 位	数量	单价（元）		总价（元）	
					单价	工资	总价	工资
87	B5-277	乳胶漆 抹灰面 二遍	100m²	0.651	421.87	100.5	274.64	65.43
88	B5-277	外墙乳胶漆 抹灰面 二遍	100m²	2.731	421.87	100.5	1152.13	274.47
89	B5-282	乳胶漆二遍 阳台、雨篷、挑檐	100m²	0.937	591.25	100.5	554	94.17
第十四章 装饰装修脚手架							187.45	146.25
90	B9-15	内墙面粉饰脚手架 钢管架	100m²	1.819	103.05	80.4	187.45	146.25
合 计							135278.01	28025.27

造价员盖执业章：　　　　　　　　　　　　　　　　　　　　编制日期：2012 年 3 月 4 日

预算员签字：

表 4-24　价差汇总表

工程名称：某培训楼工程　　　　　　　　　　　　　　　　　　　建筑面积：153.54m²

序号	名称	单位	数量	定额价	市场价	价格差	合价
	人工价差（小计）						26249.24
1	综合工日	工日	783.348	23.5	47	23.5	18408.68
2	装饰人工	工日	287.054	33.5	57	23.5	6745.77
3	机械人工	工日	46.587	23.5	47	23.5	1094.79
	材料价差（小计）						49322.4
4	螺纹钢筋 φ20 以内	t	3.346	3025.69	4333	1307.31	4374.26
5	螺纹钢筋 φ20 以上	t	3.346	2984.61	4325	1340.39	4484.94
6	钢筋 φ10 以内	t	4.722	3014.85	4500	1485.15	7012.88
7	钢筋 φ10 以上	t	1.236	2996.79	4650	1653.21	2043.37
8	水泥 32.5 级	kg	46491.451	0.33	0.37	0.04	1859.66
9	普通黏土砖	千块	44.458	228	780	552	24540.82
10	水	m³	168.665	2	2.3	0.3	50.6
11	陶瓷地面砖 200×200	m²	113.322	24	65	41	4646.2
12	陶瓷地面砖 300×300	m²	8.976	30	64.5	34.5	309.67
	合 计						75571.64

造价员盖执业章：　　　　　　　　　　　　　　　　　　　　编制日期：2012 年 3 月 19 日

预算员签字：

表 4-25 土建工程造价取费表

工程名称:某培训楼工程   建筑面积:153.54m²

序号	费用名称	计 算 式	费率(%)	金额
	【土建工程部分】			
一	直接工程费	工程量×消耗量定额基价		93499.58
二	技术措施费	工程量×消耗量定额基价		14084.44
三	未计价材	主材设备费		
四	组织措施费	(1)+(2)[不含环保安全文明措施费]		3238.28
1	临时设施费	[(一)+(二)+(三)]×费率	1.26	1355.56
2	检验试验费等六项	[(一)+(二)+(三)]×费率	1.75	1882.72
五	价 差	按有关规定计算		63422.79
六	企业管理费	[(一)+(二)+(三)+(四)]×费率	3.54	3923.11
七	利 润	[(一)+(二)+(三)+(四)+(六)]×利 润 率	3	3442.36
八	估价	估价项目		
3	社保等四项	[(一)+(二)+(三)+(四)+(六)+(七)]×费率	5.35	6323.05
4	上级(行业)管理费	[(一)+(二)+(三)+(四)]×费率	0.6	664.93
AW	环保安全文明措施费	[(一)+(二)+(三)+(四)+(六)+(七)+(3)+(4)]×费率	1.2	1502.11
FW	安全防护文明施工费	AW+(1)		2857.67
QT	其他费	其他项目费		
九	规 费	(3)+(4)		6987.98
十	税 金	[(一)~(九)+(QT)+(AW)]×费率	3.477	6609.8
十一	工程费用	(一)~(十)+(QT)+(AW)		196710.45
	土建工程造价合计			196710.45

造价员盖执业章: 编制日期:2012 年 3 月 19 日

预算员签字:

表 4-26 装饰工程造价取费表

工程名称:某培训楼工程 建筑面积:153.54m²

序号	费用名称	计 算 式	费率(%)	金额
	【装饰工程部分】			
一	直接工程费	$\sum$ 工程量×消耗量定额基价		27008.39
1	人工费	$\sum$(工日数×人工单价)		9470.13
二	技术措施费	$\sum$(工程量×消耗量定额基价)		187.45
2	人工费	$\sum$(工日数×人工单价)或按人工费比例计算		146.25
三	未计价材	主材设备费		
四	组织措施费	(4)+(5)[不含环保安全文明措施费]		1172.24
3	人工费	(四)×费率	15	175.84
4	临时设施费	[(1)+(2)]×费率	5.19	499.09
5	检验试验费等六项	[(1)+(2)]×费率	7	673.15
五	价 差	按有关规定计算		12148.88
六	企业管理费	[(1)+(2)+(3)]×费率	13.33	1305.3
七	利 润	[(1)+(2)+(3)]×利润率	12.72	1245.57
八	估价部分	估价项目		498.15
6	社保等四项	[(1)+(2)+(3)]×费率	26.75	2619.42
7	上级(行业)管理费	[(一)+(二)+(三)+(四)]×费率	0.6	170.21
AW	环保安全文明措施费	[(一)+(二)+(三)+(四)+(六)+(七)+(6)+(7)]×费率	0.8	269.67
FW	安全防护文明施工费	AW+(4)		768.76
九	规 费	(6)+(7)		2789.63
十	税 金	[(一)~(九)+(AW)]×费率	3.477	1621.16
十一	工程费用	(一)~(十)+(AW)		48246.44
	装饰工程造价合计			48246.44
	土建装饰安装总计			244956.89

造价员盖执业章: 编制日期:2012 年 3 月 19 日

预算员签字:

参考文献

[1] 建设工程工程量清单计价规范：GB 50500—2013［M］. 北京：中国计划出版社，2013.

[2] 全国统一建筑工程预算工程量计算规则：GJDGZ—101—95［M］. 北京：中国计划出版社，2000.

[3] 江西省建设工程造价管理站. 江西省建筑安装工程费用定额［M］. 长沙：湖南科学技术出版社，2004.

[4] 袁建新. 建筑工程预算［M］. 5版. 北京：中国建筑工业出版社，2015.

[5] 侯国华. 工程造价基础知识复习［M］. 北京：中国建筑工业出版社，2003.

[6] 邵怀宇. 建筑工程定额与预算［M］. 北京：中国建筑工业出版社，2003.

参考文献